高等学校电工电子基础实验系列教材

电路实验教程

主　编　赵振卫
副主编　高洪霞　李　谦　柴亚南

山东大学出版社
SHANDONG UNIVERSITY PRESS
·济南·

图书在版编目(CIP)数据

电路实验教程/赵振卫主编.—济南:山东大学出版社,2015.4(2024.2 重印)

高等学校电工电子基础实验系列教材/马传峰,王洪君总主编

ISBN 978-7-5607-5266-2

Ⅰ.①电… Ⅱ.①赵… Ⅲ.①电路—实验—高等学校—教材 Ⅳ.①TM13-33

中国版本图书馆 CIP 数据核字(2015)第 077464 号

责任编辑:李 港

封面设计:张 荔

出版发行:山东大学出版社

社 址:山东省济南市山大南路 20 号

邮 编:250100

电 话:市场部(0531)88363008

经 销:新华书店

印 刷:济南巨丰印刷有限公司

规 格:787 毫米×1092 毫米 1/16

11.25 印张 256 千字

版 次:2015 年 4 月第 1 版

印 次:2024 年 2 月第 4 次印刷

定 价:20.00 元

《高等学校电工电子基础实验系列教材》编委会

前 言

本书是为了适应电工技术的飞跃发展和培养高质量人才的需要，依据山东大学制定的电类专业“电路”课程教学配套要求，在总结山东大学电路实验教学和实践经验的基础上编写而成。

以培养学生的实践能力和创新能力为目标，在编写过程中突出基本实验技能、科学实验方法的训练，注重电路设计与电路实现能力、使用计算机仿真能力的培养，以理论结合实际，积极调动和发挥学生的积极性和能动性，启发学生的创新和探索精神，努力使学生学会独立思考。

本书共分三部分。绪论包含安全用电常识、实验教学等内容。

第一章是基本理论，包含电类专业常用电子仪表、测量仪器的介绍，使学生掌握电路实验的方法和过程，了解误差处理的方法，以及实验数据处理和常用专业仪器的正确选择与使用。

第二章是基本电路实验，共包含电类专业应掌握的26个基础实验。为了适应不同实验课的类型和不同实验学时的需求，本书安排了较多的实验题目，且每个实验题目包括较多的实验项目，其内容和难易程度基本上覆盖了不同层次的教学要求，为因材施教提供了基本素材，任课教师可以根据实际情况灵活选用。此外，每个实验都附有实验原理和思考题，有的还附有参考实验电路。多数学生可以通过自学或在教师的指导下，自行拟定实验步骤和测试方法，独立完成实验全过程。

随着计算机技术在电工基础技术中的广泛运用，传统的电工基础技术也因融入计算机技术而被赋予了新的生命。为了适应新技术，本书在附录中介绍了MATLAB在电路分析中的应用。

全书由赵振卫担任主编并定稿，高洪霞、李谦、柴亚南担任副主编。在编写的过程中，山东大学电工电子教学实验中心王洪君教授以及电工理论与新技术研究所的众多老师也给予了悉心帮助，在此一并致以谢意。

本书在编写过程中，学习借鉴了大量有关资料，在此向所有作者表示深深的敬意和感谢。若因疏忽未提及的参考文献，还恳请谅解。

由于编写时间较为仓促，加上编者水平所限，书中难免有不妥和错误之处，敬请读者批评指正。

赵振卫

2015年2月于山东大学

目录

绪 论

基础实验是学生进入电路基础课学习阶段的第一门实验课，也是一门以应用理论为基础、专业技术为指导且操作性很强的课程。通过实验，可使学生加深对所学概念、理论、分析方法的理解，掌握电路实验的基本技能，提高运用所学理论独立分析和解决实际问题的能力，培养安全用电的意识。它侧重于理论指导下的实践、实验技能的培训以及综合能力的提高，为后续实验课、技术基础课、专业课的学习以及今后的工作打下一个良好的基础。

本课程开设的目的：

1. 配合理论基础教学，验证、巩固和扩充某些重点理论知识。

2. 学习有关电子测量的一些基础知识，以及常用电子测量仪器、设备的使用方法和基本测量技术。

3. 通过实验训练，培养学生严谨的科学实验态度、良好的操作习惯和善于发现问题、分析问题、解决问题的能力。

4. 培养学生运用所学知识制定实验方案、选择实验方法、进行数据处理和误差分析及编写实验报告等从事专业技术工作所必需的初步能力和良好作风。

5. 培养学生的创新意识和能力。

在进入电路实验之前，我们首先了解一下安全用电常识以及学好这门课所要做的一些准备。

第一节 安全用电常识

一、人体安全

(一)人体触电

人体触及带电体，流过人体的电流造成人体受伤或死亡的现象称为“人体触电”。根据人体受伤害的程度，可将触电分为电击和电伤。当人体触电后，流过人体的电流使人体的内部器官受到伤害时，称为“电击”。如果触电者不能迅速摆脱带电体，则有可能造成死亡事故。电弧产生的强光，会对人眼产生伤害；电弧产生的高温，会灼伤皮肤；电弧或瞬时的大电流，会使金属迅速熔化；飞溅的金属颗粒，会烫伤人眼或皮肤。这些因用电造成的人体体表器官的局部伤害称为“电伤”。

(二)安全电压

发生触电事故时，人体受伤害的程度与人体触电部位、触电时间、电流大小、频率、触电者身体情况等因素有关。超过 100mA 的电流流过心脏或中枢神经系统时，会在短时间内使人的心脏停止跳动。低频电流对人体的伤害比高频电流严重。人体电阻通常为 1kΩ～100kΩ，在出汗或潮湿环境中，会降到几百欧。大量实验证明，人体接触 36V 以下的电压时，流过人体的电流不会超过 50mA。因此规定在一般工作环境中，安全电压为 36V；在空气潮湿、地面导电的环境中，安全电压为 24V；在空气潮湿、有导电粉尘的环境中，安全电压为 12V；在恶劣环境中，安全电压为 6V。

(三)触电形式

常见的触电形式有单线触电、双线触电和跨步触电。人体某一部位接触带电体，电流通过人体流入大地，这种触电形式通常称为“单线触电”。最为常见的是单手接触相线，加在人体上的电压是 220V，电流流过心脏，很容易造成触电死亡事故。

当人体的不同部位分别接触同一电源的两条不同电压或不同相位的导线时，电流从一条导线经过人体流到另一条导线，这种触电形式称为“双线触电”。最常见的是双手分别接触两条相线，380V 电压加在两手之间，大部分电流会经过心脏，心脏将很快停止跳动。

当高压电线接触地面时，在地面的一定范围内产生电压降，人在此区域行走时，两脚之间存在一定的电压，这一电压称为“跨步电压”，这种触电形式称为“跨步触电”。人体距离高压电线接地点越近，跨步电压越大。如果遇到高压电线掉落，应停止行走，然后双脚并拢跳跃，尽快远离危险区。

(四)触电急救

遇到有人触电时，应及时实施正确的救助，以最大限度地挽救生命。

1. 迅速切断电源或按下急停开关。在无法切断电源的情况下，必须用绝缘物体挑开带电的导体。

2. 拨打 120 急救电话，同时将触电者抬到通风处静卧。

3. 对于呼吸和心跳异常的触电者，必须实施人工呼吸。具体方法为：使触电者仰卧，鼻孔向上，头后仰，保持呼吸道通畅；松开衣扣，减小呼吸的阻力；捏住鼻孔，口对口吹气；放开鼻孔，做胸外挤压。人工呼吸和胸外挤压交替进行。

二、用电设备安全

为了确保用电设备正常运转，必须按设备工作要求供电。

(一)合理使用导线

导线的额定电流与导线截面(有效横截面积)、材料、绝缘层、使用环境等有关。额定电流大于实际工作电流，浪费材料，施工困难；额定电流小于实际工作电流，导线发热，有引发火灾的危险。具体选用哪种导线，可以查阅电工手册。

(二)合理使用熔断体

为了确保电路安全，电路中应串联熔断体。当工作电流超过熔断体的额定电流时，熔断体发热、熔断,对电路起保护作用。最常见的熔断体是保险丝。选用熔断体时,需要了解额定电流。若熔断体的额定电流过大,对电路起不到保护作用;若熔断体的额定电流过小,熔断体会在电路正常工作时熔断,使电路无法正常工作。因此,必须合理选用熔断体。

(三)正确使用电源

一般民用电器的额定工作电压是220V,动力电的额定工作电压是380V;机床上的照明电压为36V,有些进口设备的供电电压按本国的民用电网电压设计为110V,使用前一定要选择正确的供电电压。应注意,有些小电器使用安全电压或更低的电压供电,有的电器用交流电源,有的电器用直流电源,不能用错!

(四)正确接线

应严格按使用说明书接线,保护绝缘层,防止漏电,按规定将设备外壳接保护地,不允许用接零代替接保护地。如有必要,可以根据实际情况在电源部分安装漏电保护器、过流保护器、过压保护器、欠压保护器等。

(五)正确连接照明开关

照明开关一定要与相线连接,关闭照明开关后不允许光源带电。

三、安全操作规程

本课程中的一些实验将使用非安全电压,因为人体接触非安全电压后有可能危及生命,而学生作为初学者,对仪器、实验台、元器件的性能都不熟悉,所以必须严格遵守以下安全操作规程:

1.严禁随意合闸。随意合闸后有可能危及操作者本人和他人的生命,有可能损坏实验仪器或元器件,所以必须按要求合闸。

2.严禁带电操作。接线、改线、拆线前必须切断电源。

3.必须按规定使用导线。使用非安全电压做实验时,必须使用安全导线。

4.检查无误后方可通电。初次接线或改动线路后,必须自检、互检,以确保电路连接正确。

5.发现异常,立即断电。通电后应随时监视仪器和电路的工作状况,一旦发现异常声音、异常气味、元件温度异常等情况,必须立即切断实验台总电源,并找出产生异常的原因。

6.通电过程中,不得用手或导电物体接触电路中的裸露金属部分。

7.不得私自打开、更换实验台上的熔断器(保险丝)。

8.养成单手操作的习惯,以防止误操作或开关发生故障时发生触电事故。

9.电路中不允许留下悬空的线头,一定要选用足够长的导线连接电路。

10.同组同学相互监督。一旦发生违章操作的事故,同组的每一个人都有责任。

11.一旦发现有人触电,应立即切断电源。若无法切断电源,必须用绝缘工具断开带电的导线,防止发生二次触电事故。

12.电流表和功率表的电流线圈必须与负载串联,用万用表测量电阻前必须切断所有的电源。

13.先用大量程测量。测量前难以确定被测量的范围时,必须先将测量仪表调到最大量程,然后再根据初测结果选用合适的量程。

14. 发生紧急情况时,按下急停开关。按下急停开关后,将立即切断实验室的总电源,所有实验台都停电,因此,只允许在紧急情况下按下急停开关。

15. 操作电源开关时,不可两手同时操作,要避免正面面对开关。

16. 如接通电源后保险丝熔断,必须检查故障原因,在排除障碍后,方可重新接通电源。

17. 任何仪表和电器,在未熟悉其使用方法前不得应用,使用任何电源前必须了解其电压值。

18. 在进行电压、电流测量时,应注意电路中的电压表和安培表,如指针迅速指向刻度盘末端,应立即断开电路,检查原因。

19. 在实验过程中发生事故时,不要惊慌失措,应立即断开电源,保持现场并报告指导教师检查处理。

20. 实验室内一切仪器设备未经允许不得拆开,不准携带至室外。

四、学生实验守则

为了在实验中培养学生良好的习惯,使每一名学生都自觉用严谨、科学的态度对待每一个实验数据,同时确保人身和设备安全,特制定以下实验守则:

1. 课前认真预习,明确实验目的,正确理解实验原理,熟悉实验步骤,了解实验仪器的使用方法和注意事项。

2. 学生接好线路或改接好线路后,必须经教师检查同意并通知其他做实验的同学,才能接通电源做实验。

3. 严禁带电拆线、接线,或接触带电线路的裸露部分和机器的转动部分。

4. 实验室内禁止吸烟、打闹、大声喧哗、随地吐痰和吃东西等。

5. 要正确使用仪器设备,未经特别许可,各种仪器设备不许过载运行或其他非正常运行。

6. 机器在运转时,实验人员不得离开现场。

7. 禁止蹬、坐在各种仪器设备、实验桌上。

8. 实验过程中,若发现不安全迹象,任何人都可及时指出,劝其改正。情节严重者,教师有权停止其实验。责任事故造成的损失,当事人应负赔偿责任。

9. 若发生安全事故,必须立即切断电源,保持现场,并报告教师,以便查明情况,酌情处理。

10. 实验完毕,应将所用仪器仪表等放回原处,各种导线分类放好,并清扫场地。

第二节 实验教学

一、实验教学的目的

电路基础实验是培养电工电子类工程技术人员实验技能的重要环节，是理论联系实际的重要手段。通过电路基础实验，可培养学生利用实验手段去观察、分析和研究问题的能力，掌握仪器仪表的基本工作原理和使用方法，学习数据的采集与处理，为后续课程的学习打下良好的基础。随着计算机应用的普及，计算机辅助分析也已成为课程的重要组成部分，在实验课中加强计算机辅助分析的实践，对现代大学生来说是必不可少的。通过本课程的教学，应该达到以下目的：

1. 培养学生严谨的科学态度和实事求是的科学作风。

2. 训练学生基本的实验技能，要求学生能够正确使用电压表、电流表、多用表、示波器、信号发生器、毫特斯拉计等仪器仪表，掌握基本的测试技术，具有分析、查找和排除电路故障的能力，具有正确处理实验数据、分析误差的能力，能够写出严谨、有理论分析、实事求是、文理通顺的实验报告。

3. 培养学生通过实验来观察和研究基本电磁现象及规律的能力，以加深对理论知识的理解。

4. 培养学生独立设计实验的初步能力。

5. 要求学生能够初步使用计算机进行电工基础的分析与计算，并根据算法及框图编制简单的计算机程序，学习程序的调试方法。

总之，本实验教学的主要目的是对学生进行基本技能的训练，提高学生用基本理论分析问题与解决问题的能力，同时在实验过程中培养学生严肃认真的科学态度和细致踏实的实验作风，为今后的专业实验、生产实践与科学研究打下坚实的基础。

二、实验课前的准备工作

实验效果与实验预习的好坏密切相关。预习时一定要认真阅读实验教材中的有关内容和附录，对实验目的、要求、原理和可能采取的方法等有所了解，对被测量以及可能出现的现象和结果有一个事先的分析和估计，写出预习报告(是正式报告的一部分)，对要完成的每个实验做到心中有数。只有这样，才可能主动地去观察实验现象，发现并分析问题，获得最佳的实验效果。否则，达不到预期的效果和要求，甚至在实验中发生事故。归纳起来，预习的重点包括：

1. 明确实验目的、任务与要求，估算实验结果。

2. 复习有关理论，弄懂实验原理和方法，熟悉实验电路。

3. 了解有关实验仪器设备的性能及其使用方法。

4. 写出预习报告。预习报告包括以下几方面：准备或设计实验数据表格；计算有关电路参量；了解本次实验所用仪器设备的使用方法、技术指标和操作注意事项；回答预习思考题。

对没有预习或没有完成预习报告的学生,指导教师有权停止当事人的本次实验。

三、实验中应注意的问题

实验操作是实验的主要内容之一,也是培养学生动手能力的主要环节。实验中应注意的问题分为五个方面。

(一)养成良好习惯

对于第一次使用的仪器仪表,必须了解其性能和使用方法,并记录主要仪器设备的名称、型号和规格,切勿违反操作规程,乱拨、乱调旋钮,尤其注意不得超过仪表的量程和设备的额定值。

根据实验电路合理布置实验器材。仪器设备的摆放应遵循读数方便、操作安全、摆放整齐、防止相互影响的原则,仪器仪表严禁歪斜放置。

对于不遵守实验规则、违反操作规程而损坏仪器设备者,除写出书面检查,还要作出一定的经济赔偿。

(二)正确接线与检查线路

1.对初学者来说,首先应按照电路图合理布局与接线。根据电路的特点,选择接线步骤。对于简单的电路,可先选一回路进行接线,然后再连接其他支路。对于含有集成器件的电路,应按节点连线,以集成器件为中心,再连接其他元件。此外,还要考虑元件、仪器仪表的对应端、极性和公共参考点等是否连接正确。

2.避免导线之间相互交叉与缠绕,每个接线柱上不宜超过三个接线片,尽量减少因牵动一线而引起端钮松动、接触不良或导线脱落的情况发生,确保电路各部分接触良好。

3.仪器仪表接线柱的松紧要合适,避免因过度用力而导致接线柱螺纹滑丝,使其无法拧紧。

4.改接线路时,应使实验线路的改动量尽可能的小,避免拆光重接。

5.线路接好后,一定要认真检查,确保实验线路无误、仪器仪表量程选择合适、电路参数正确,有的实验必须请指导教师复查接线后方可接通电源。

(三)安全操作

在接通电源前,要保证稳压电源或调压器的起始位置在零位,电路中限流限压装置放在了使电路中电流最小的位置。接通电源后,逐渐增大电压或电流,同时要注意各仪表的偏转是否正常,负载工作状况是否正常,电路有无异常现象(如声响、冒烟、有刺鼻气味等现象)。若有异常情况,应立即切断电源并保护现场,仔细检查出现故障的原因。

接通电源后应该粗测一遍,观察实验现象和结果趋势是否合理。读数时要姿势正确,精力集中,防止误读。操作或读取数据时,切记不可用手触及带电部分。

改接或拆除电路时必须先切断电源。

(四)数据的读取和整理

1.实验开始不必急于记录数据,根据实验要求先做试探性操作,观察实验现象和数据分布规律,依据具体情况再作一定的调整。

2.将实验数据记录在事先准备好的表格中,并记录所用仪表仪器的量程或倍率。实验数据记录的多少随数据变化的快慢而异(曲率较大处可多记录一些数据),保证所记录的数据能够描绘出一条光滑而完整的曲线。

3. 有效数字的取舍要根据仪表量程和刻度盘实际情况决定，不能盲目地增加或删除有效位数。

4. 保持正确的读数姿势，确保仪表的“针和影”重叠成一条线。

(五)检查实验结果

数据测试完毕，应认真检查实验数据有无遗漏或不合理的情况，原始记录需经指导教师审阅签字后方能拆除线路，并将实验台上各种器件摆放整齐。原始数据应作为实验报告的附件。写实验报告时若发现原始数据不合理，不得随意涂改，及时与指导教师联系，采取可能的补救措施。

四、实验报告与数据整理

预习报告的内容一般包括实验题目、实验原理、实验内容、使用仪器与元器件、实验电路、实验方法及步骤、数据记录表格等。

预习报告有两个作用：一是通过预习真正了解实验的目的，为实验制定出合理的实验方案，在进入实验室后就可按预习报告有条不紊地进行实验；二是为实验后的总结提供原始资料。

在编写预习报告时，内容要具体、完整，不要写对实验操作无指导意义的内容，也不要把内容写得太笼统、太简单，否则在实验时连自己都不清楚应该怎样做，那就失去预习报告的作用了。因此，预习报告一定要有较强的实用性，重点突出，详略适当。

实验报告是对实验工作的全面总结，整理实验结果是实验的重要环节，通过整理及编写报告可以系统地理解实验教学中所获得的知识，建立清晰的概念。因此，实验报告要求文字简洁，书写工整，曲线图表清晰，实验结论有科学依据和分析过程。实验报告应包括以下内容：实验名称和实验目的；实验原理与说明；主要仪器设备的名称、型号、规格和实验台编号；实验任务，列出具体任务与要求，画出实验电路图，拟定主要步骤和数据记录表格；数据处理和曲线图表，进行数据处理时要注意有效数字和单位的正确表达；实验结论、误差分析和实验体会；回答预习思考题。

数据整理一般是对测量结果进行计算、描绘曲线、分析波形及实验现象，找出其中典型的、能够说明问题的特征，从而说明电路的性质。

实验曲线是以图形的形式更直观地表达实验结果的语言。曲线应画在坐标纸上，坐标的分度要合理，以 x 轴代表自变量、y 轴代表因变量。坐标分度的选择应使图纸上任一点的坐标均容易读数。为了便于阅读，应将坐标轴的分度值标记出来，每个坐标轴必须注明变量名称和单位。

曲线要细心绘制，通常实验数据在坐标纸上用“*”“·”“?”等不同的符号标出，连接曲线应尽量使用曲线板、电工模板等作图工具。曲线应光滑匀整，不必强使曲线通过所有的点，但应与所有的点相接近，同时使未被曲线经过的点大致均匀地分布在曲线的两侧。此外，在图上要加上必要的注释说明。

记录设备编号和实验台号也是必要的，以便在整理数据时如发现数据有误或异常，可以按原编号设备查对核实。预习报告作为附件，随实验报告一起交给指导教师批阅。

五、实验故障分析与处理

实验中常常会因为种种意想不到的因素而影响电路的正常工作，有可能会烧坏仪表和元器件。通过对电路故障的分析与处理，逐步提高分析问题与解决问题的能力。故障分析需具备一定的理论知识和丰富的实践经验。

（一）故障类型与原因

实验故障根据其严重性一般可以分两大类：破坏性和非破坏性故障。破坏性故障可造成仪器设备、元器件等的损坏，其现象常常是某些元器件过热并伴有刺鼻的异味、局部冒烟、吱吱的声音或爆竹似的爆炸声等。非破坏性故障的现象是电路中电压或电流的数值不正常或信号波形发生畸变等。如果不能及时发现并排除故障，将会影响实验的正常进行或造成损失。故障原因大致有以下几种：

1. 电路连接错误，或操作者对实验供电系统设施不熟悉。

2. 元器件参数或初始状态值选择不合适，元器件或仪器损坏，仪器仪表等实验装置与使用条件不符。

3. 电源、实验电路、测试仪器仪表之间的公共参考点连接错误，或参考点位置选择不当。

4. 导线内部断裂、电路连接点接触不良造成开路或导线裸露部分相碰造成短路。

5. 布局不合理、测试条件错误、电路内部产生干扰或周围有强电设备产生电磁干扰。

（二）故障检测

故障检测的方法很多，一般按故障部位直接检测。当故障原因和部位不易确定时，可根据故障类型缩小范围并逐点检查，最后确定故障所在部位加以排除。在选择检测方法时，要视故障类型和电路结构而定。常用的故障检测方法有两种。

1. 通电检测法。用多用表、电压表或示波器在接通电源情况下进行电压或电位的测量。当某两点应该有电压而多用表测出的电压为零时，说明发生了短路；当导线两端不应该有电压而用多用表测出了电压时，则说明导线开路。

2. 断电检测法。对破坏性故障，要采用断电检测法，具体方法是先切断电源，然后用多用表欧姆挡检查电路中某两点有无短路、开路和元器件参数是否正确等。有时电路中可能同时存在多种或多个故障，它们相互影响、相互掩盖，但只要耐心细致地去分析查找，就能够检测出来。

附件：一份典型的实验报告

实验名称　电阻器伏安特性的测量

一、实验目的

测量定值电阻器的伏安特性。

二、实验方案

测量定值电阻伏安特性的电路有两个：附图 1 为测量高电阻的电压表外接

电路,附图 2 为测量低电阻的电流表外接电路。由于定值电阻是一个(150±5%)Ω、4W 的小电阻,应选择附图 2 所示的电路为实验电路。

三、实验仪器、设备

直流稳压电源 1 台,直流电流表 1 只(5—10—20—50mA),数字式万用表 1 只,(150±5%)Ω、4W 电阻 1 个。

四、实验电路(见附图 2)

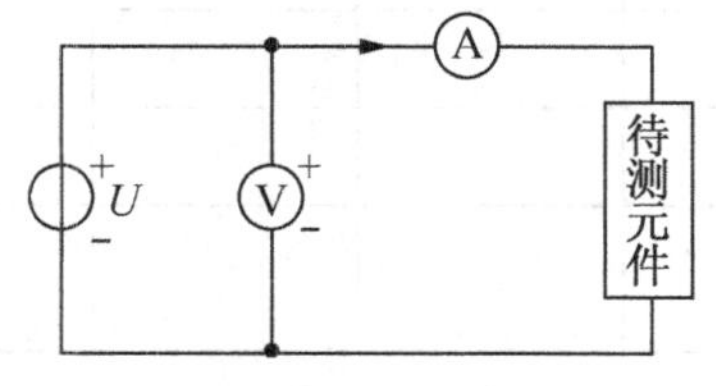

附图 1 测量高电阻电路

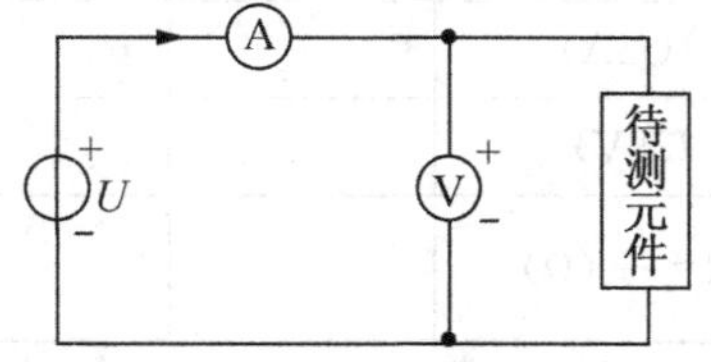

附图 2 测量低电阻电路

五、实验操作要点

1. 直流电源的设定。将直流稳压电源设置为独立工作方式,在不接负载时,将电流调节旋钮按顺时针方向调到最大位置,即把电源的输出电流限值设置为最大。调节电压调节旋钮,将输出电压调到 1V 后关闭电源。

2. 接线和通电。按附图 2 接线,经查线无误后接通电源,注意直流稳压电源输出电压仍应保持为 1V。

3. 操作和读数。用数字式万用表的直流电压挡测量电阻两端的电压,测量时应将红色表笔接在电阻端电压参考方向的高电位端上,黑色表笔接在低电位端上,读取数字式万用表的示数和直流电流表的示数,并填写在附表 1 中。

六、实验注意事项

1. 正确连接电路,避免直流稳压电源发生短路。

2. 直流电流表的极性应按电路图中的参考方向连接。

3. 读取直流电流表的示数时,应做到垂直刻度表面读数,即当电流表的指针与其在刻度表下的镜子中的影子重合时读数。

4. 电路中的电流不能超过电流表的最大量程。

5. 实验时,随着电源电压的增加,电阻的温度也随之上升。所以,必须在实验前根据所给定的电阻的阻值、功率及电流表的最大量程,确定加在电阻两端的最高电压,避免因电源电压输出过高,造成对电阻、电流表的损坏。

七、计算结果

1. 根据电阻的额定功率求出额定电压:

$$U_N = \sqrt{PR} = \sqrt{4 \times 150}\,\text{V} = 24.5\text{V}$$

2. 根据电流表的最大量程求出最高电压：

$$U_m = I_m R = 50 \times 10^{-3} \times 150\text{V} = 7.5\text{V}$$

则允许直流稳压电源输出的最高电压为 7.5V。

八、实验数据表格(见附表 1)

附表 1　　测量定值电阻的伏安特性

电源电压(V)	1	2	3	4	5	6
I(mA)						
U(V)						
$R=\frac{U}{I}$(Ω)						

(以上部分为预习报告部分)

九、绘制伏安特性曲线

在毫米方格纸上以 I 为横轴、U 为纵轴，以测量所得的数据为坐标点，将这些点连接起来即可得到所测电阻的伏安特性曲线，如附图 3 所示。其斜率为：

$$K = \frac{6-4}{(41.8-28.9) \times 10^{-3}} = 155.0$$

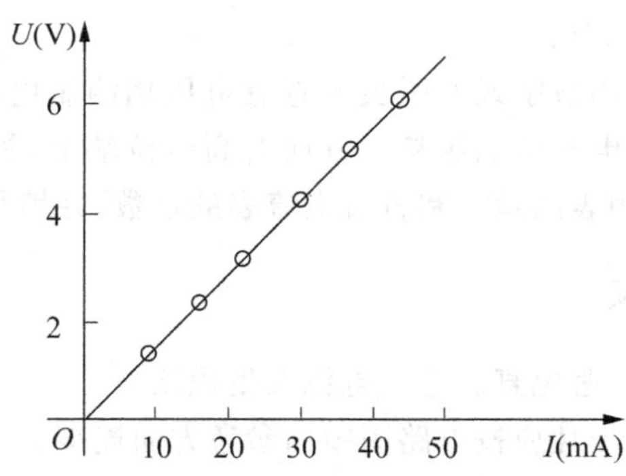

附图 3　150Ω 电阻伏安特性曲线

十、实验结论

1. 电阻伏安特性曲线为过零点的直线，说明电流与电压成正比，为线性关系，满足欧姆定律，所以该电阻为线性电阻。

2. 电阻伏安特性的斜率为 155.0，说明实际电阻为 155.0Ω，与标称电阻值 150Ω 的差值为 5Ω，其误差为 3.33%，不超过容许误差的规定值 ±5%，是合格的。

第一章 基本理论

第一节 常用的电子仪器与电工仪表

电路实验中的常用元件与电子实验相同，也是电阻、电容器和电感器，所不同的是电路实验中的常用元件的功率大、体积大，而电子实验中的常用元件的功率小、体积小。近年来出现的片型化无引线或短引线表面贴装元件，使电子元件更加微型化。示波器、信号发生器和万用表是电子技术人员最常使用的电子仪器仪表。本章主要介绍实验中常用电子仪器及仪表的基本组成、工作原理和使用方法。尽管只介绍了部分产品型号，但其他型号的产品也大同小异，不难掌握它们的使用方法。

一、常用电子仪器

(一)电阻器

电阻器在日常生活中简称为“电阻”，一般有两个引脚，是一个限流元件。将电阻接在电路中后，因其阻值是固定的，所以可限制通过它所连支路的电流大小。电阻是电气、电子设备中使用最多的基本元件之一，主要用于控制和调节电路中的电流和电压，或消耗电能。

阻值不能改变的称为“固定电阻器”，阻值可变的称为“电位器”或“可变电阻器”。理想的电阻是线性的，即通过电阻的瞬时电流与外加的瞬时电压成正比。在裸露的电阻体上，紧压着一至两个可移金属触点。触点位置确定电阻体任一端与触点间的阻值。

电阻有不同的分类方法。按材料分，有碳膜电阻、金属膜电阻、金属氧化膜电阻和线绕电阻等不同类型；按功率分，有 0.125W、0.25W、0.5W、1W、2W 等额定功率的电阻；按电阻值的精确度分，有精确度为±5%、±10%、±20%等的普通电阻，还有精确度为±0.1%、±0.2%、±0.5%、±1%和±2%等的精密电阻。电阻的类别可以通过外观的标记识别。

1. 电阻的识别。会看色环就能识别电阻，色环的具体规定如表 1-1-1 所列。普通电阻用四道色环表示，而精密电阻用五道色环表示。如图 1-1-1 所示，在四道色环电阻上，第一道色环表示电阻值的第一位数，第二道色环表示电阻值的第二位数，第三道色环表示电阻值中尾数零的个数(即倍乘)，第四道色环表示误差。

表 1-1-1 色环法

颜色	左第一位	左第二位	左第三位	右第二位	右第一位(误差)
棕	1	1	1	10^1	±1%
红	2	2	2	10^2	±2%
橙	3	3	3	10^3	—
黄	4	4	4	10^4	—
绿	5	5	5	10^5	±0.5%
蓝	6	6	6	10^6	±0.25%
紫	7	7	7	10^7	±0.1%
灰	8	8	8	10^8	—
白	9	9	9	10^9	—
黑	0	0	0	10^0	—
金	—	—	—	10^{-1}	±5%
银	—	—	—	10^{-2}	±10%

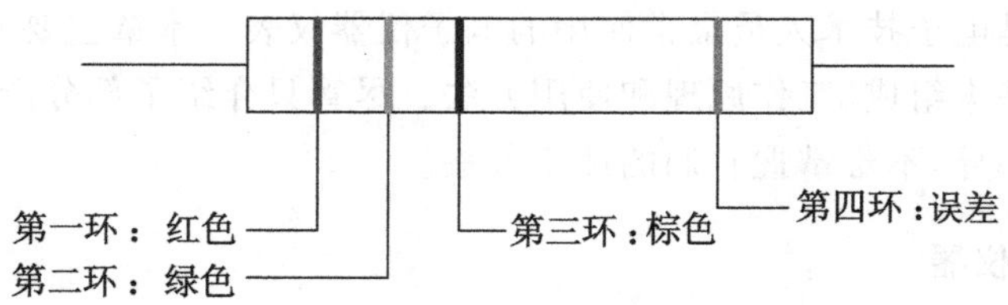

图 1-1-1 普通电阻的色环标法

在五道色环电阻上，前三道色环分别表示阻值的第一、二、三位数，后两道色环与四色环电阻后两道的含义一样。其中四道色环的电阻，其允许误差只有±5%、±10%和±20%三种。如某四环电阻，其四道色环分别是蓝、红、橙、银，其电阻值为：

$$62\times10^3=62\text{k}\Omega$$

误差为：±10%。

2. 电阻的参数。电阻的参数主要有容许误差、标称阻值、额定功率、温度系数、最大工作电压、噪声等。一般在选用电阻时，仅考虑其中的容许误差、标称阻值及额定功率三项参数，其他各项参数只在特殊情况下才考虑。

(1)容许误差。电阻的容许误差是指电阻的实际值相对于标称阻值的最大容许误差范围。容许误差越小，电阻的精度越高。电阻常见的容许误差有±5%、±10%和±20%这三个等级。

(2)标称阻值。电阻的标称阻值即电阻表面所标注的阻值。电阻常见的标称阻值有E24、E12 和 E6 系列，分别对应不同的精度等级。

表 1-1-2 为电阻常见的三种系列标称阻值及容许误差。

表 1-1-2 E24、E12 和 E6 系列标称阻值及容许误差

标称系列	容许误差	电阻标称阻值(Ω)
E24	±5%	1.1 1.2 1.3 1.5 1.6 1.8 2.0 2.2 2.4 2.7 3.0 3.3 3.6 3.9 4.3 4.7 5.1 5.6 6.2 6.8 7.5 8.2 9.1
E12	±10%	1.0 1.2 1.5 1.8 2.2 2.7 3.3 3.9 4.7 5.6 6.4 8.2
E6	±20%	1.0 1.5 2.2 3.3 4.7 6.8

(3)额定功率。当电流通过电阻时,电阻将电能转化为热能而散发到周围的空间。当电流较大时,电阻产生的热量来不及散发掉,随着热量的积累和电阻元件温度的升高,电阻就会被烧坏。通常在规定的电压、温度等条件下,电阻长期工作时所允许承受的最大电功率称为“额定功率”。有两种标志方法:2W 以上的电阻,直接用数字印在电阻体上;2W 以下的电阻,以自身体积大小来表示功率。

电阻额定功率系列如表 1-1-3 所示。

表 1-1-3 电阻额定功率系列

线绕电阻额定功率(W)	非线绕电阻额定功率(W)
0.05 0.125 0.25 0.5 1 2 4 8 12 16 25 40 50 75 100 150 250 500	0.05 0.125 0.25 0.5 1 2 5 10 25 50 100

3. 电阻的型号。

(1)型号命名方法。电阻的型号由四部分组成。

第一部分是元件的主称,用一个字母表示。如 R 表示电阻,W 表示电位器。

第二部分是元件的主要材料,一般用一个字母表示。如 X 表示线绕,Y 表示氧化膜。

第三部分是元件的主要特征,一般用一个数字或一个字母表示。如 1 表示普通,7 表示精密,G 表示功率型。

第四部分是元件的序号,一般用数字表示,表示同类产品中的不同品种,以区分产品的外形尺寸和性能指标等。

(2)型号命名示例。

RJ71——精密金属膜电阻。

RX11——通用线绕电阻。

(二)电位器

电位器是一种可调的电子元件,由一个电阻体和一个转动或滑动系统组成。当电阻体的两个固定触点之间外加一个电压时,通过转动或滑动系统改变触点在电阻体上的位置,在动触点与固定触点之间便可得到一个与动触点位置成一定关系的电压。它大多是用作分压器,这时电位器是一个四端元件。电位器基本上就是滑动变阻器,也就是可调电

阻,所以许多参数与电阻相同,如标称阻值、容许误差和额定功率等。标称阻值是指两固定端之间的电阻值。

电位器的电路符号如图 1-1-2 所示。它是一个三端元件。"1""2"两端之间是固定电阻,"3"端是一活动端点,可以从一端移到另一端。"1～3"端电阻和"2～3"端电阻也会随活动端点的位移而改变。

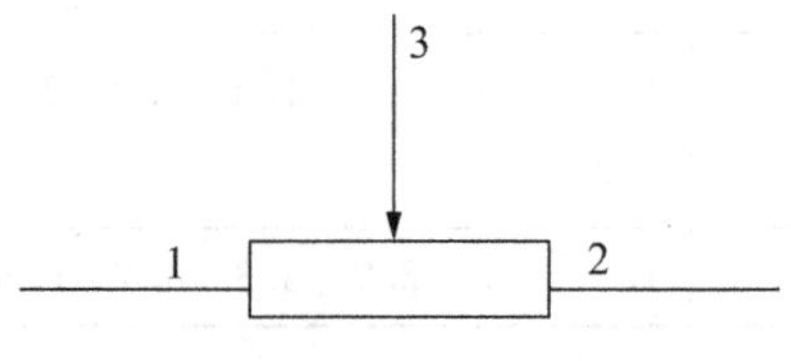

图 1-1-2 电位器的电路符号

1. 种类。电位器的种类很多,按制造材料划分,可分为线绕电位器和非线绕电位器。前者额定功率大(可达数十瓦以上),寿命长,但其制作成本高,阻值范围小(通常 100～100kΩ)。后者阻值范围大(数欧到数兆欧),功率一般有 0.1W、0.125W、0.25W、0.5W、1W 和 2W 几种。

2. 参数。电位器的主要技术参数有三项:标称阻值、额定功率和阻值变化规律。

(1)标称阻值。电位器的标称阻值系列与电阻的标称阻值相同,可参见表 1-1-2。

(2)额定功率。电位器的额定功率是两个固定端之间允许消耗的最大功率。额定功率系列值如表 1-1-4 所示。

表 1-1-4 电位器额定功率系列值

额定功率系列(W)	线绕电位器(W)	非线绕电位器(W)
0.025	—	—
0.05	—	—
0.1	—	—
0.25	0.25	0.25
0.5	0.5	0.5
1.0	1.0	1.0
1.6	1.6	—
2	2	2
3	3	3
5	5	—
10	10	—
16	16	—
25	25	—

续表

额定功率系列(W)	线绕电位器(W)	非线绕电位器(W)
40	40	—
63	63	—
100	100	—

3. 阻值变化规律。电位器的阻值变化规律是指电位器的滑动片触点在旋转时，其阻值随旋转角度而发生的变化关系。变化规律有三种不同形式，分别用字母 X、D、Z 表示，如图 1-1-3 所示。

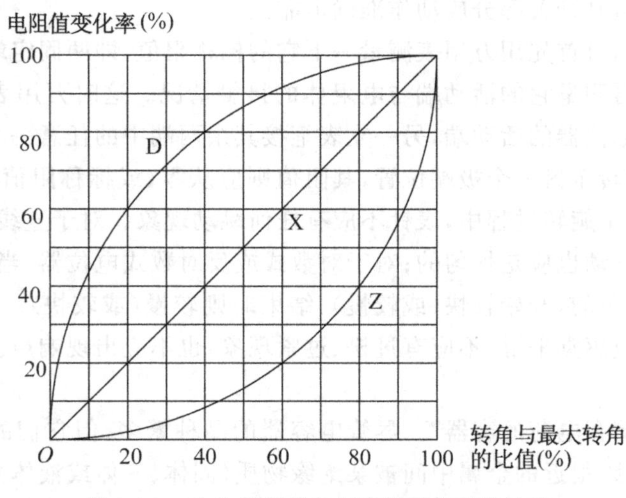

图 1-1-3 电位器旋转角与实际阻值变化关系

X 型为直线型，其阻值按角度均匀变化。它适于作分压、调节电流等使用，如在电视机中作场频调整。

D 型为对数型，其阻值按旋转角度依对数关系变化(即阻值变化开始快，以后缓慢)，多用于仪器设备的特殊调节。电视机采用这种电位器调整黑白对比度，可使对比度更加适宜。

Z 型为指数型，其阻值按旋转角度依指数关系变化(即阻值变化开始缓慢，以后变快)，普遍使用在音量调节电路里。由于人耳对声音响度的听觉特性是接近于对数关系的，当音量从零开始逐渐变大的一段过程中，人耳对音量变化的听觉最灵敏，当音量大到一定程度后，人耳听觉逐渐变迟钝。所以，音量调整一般采用指数式电位器，使声音变化听起来显得平稳、舒适。

电路中进行一般调节时，采用价格低廉的碳膜电位器；进行精确调节时，宜采用多圈电位器或精密电位器。

电位器常用型号及含义如表 1-1-5 所示。

表 1-1-5 电位器型号及含义

型号	含义	型号	含义
WT	碳膜电位器	WS	实芯电位器
WH	合成膜电位器	WX	线绕电位器
WJ	金属膜电位器	—	—

电位器的用途很广，可用作可变电阻、分压器等。收音机、录音机、电视机等电子设备中的音量、音调、亮度、对比度、色饱和度等，都是通过电位器调节改变的。因此，对它的要求主要是：阻值符合要求，中心滑动端与电阻体之间接触良好，动噪声和静噪声应尽量小；对带开关的电位器，其开关部分应动作准确可靠。

在具体检测时，可首先用万用表测量一下它的标称阻值，即两固定端之间的阻值应为其标称阻值，然后再测量它的活动端与电阻体的接触情况。这时万用表仍工作在电阻挡上，将一支表笔接电位器的活动端，另一支表笔接其余两端中的任意一个。慢慢将其转柄从一个极端位置旋转至另一个极端位置，其阻值则应从零（或标称阻值）连续变化到标称阻值（或零）。在整个旋转过程中，表针不应有任何跳动现象。对于直线式电位器，当旋转均匀时，其表针的移动也应是均匀的；对于对数式或反对数式电位器，当旋转均匀时，其表针的移动则是不均匀的，开始较快（或较慢），结束时则较慢（或较快）。另外，在电位器转柄的旋转过程中，应感觉平滑，不应有过松、过紧现象，也不应出现响声。

（三）电容器

电容器就是“储存电荷的容器”。尽管电容器的品种繁多，但它们的基本结构和原理是相同的。两片相距很近的金属中间被某绝缘物质（固体、气体或液体）隔开，就构成了电容器。两片金属称为“极板”，中间的物质称为“介质”。电容器的电路符号如图 1-1-4 所示。

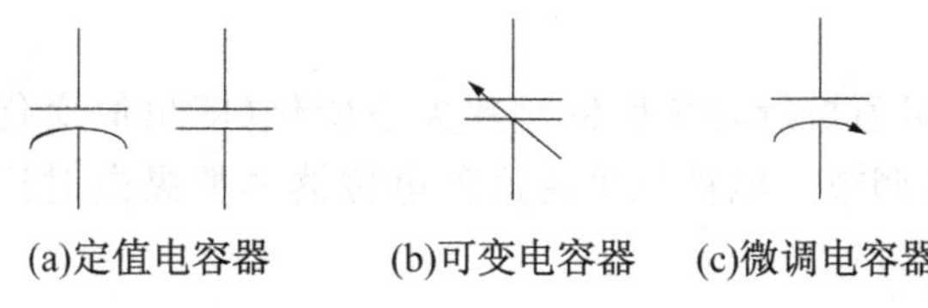

(a)定值电容器 (b)可变电容器 (c)微调电容器

图 1-1-4 电容器的电路符号

电容器在电路中具有阻止直流电流通过、允许交流电流通过的特性，而且频率越高的交流电越容易通过电容器（电容器的容抗越小）。因此，电容器在电路中常用于隔断直流、滤除交流信号及信号调谐、耦合等方面。

1. 电容器的基本作用。电容器能够被充电和放电，也就是储存电能和释放电能，这是它的基本功能。在恒压充电期间，电容器上的电荷和电压按指数增加，电路中有一按指数衰减的充电电流；充电完毕，电流消失，电压达到稳定值而不再变化。在放电期间，电容器上的电荷和电压按指数减少，电路中有一按指数衰减的放电电流；放电完毕，电流消失，电容器上的电压也没有了。由充放电过程可知，电路中任何电容器两端的电压不可能突然变化，这种电压不能突变的现象，是分析电路的基本概念之一。同时也可看到，充放电过程是一个暂时的不稳定过程，电路分析中称为“过渡过程”，它所需的时间称为“过渡时间”。过渡过程对了解电容器充放电的基本功能和分析任何电路都是有用的，但一般情况下，只分析稳定状态。

如上所述，如果把电容器接在直流电路中，只有当电源开启时的充电和关闭时的放电(当存在充放电回路时)这两个暂时的过程中，电路上存在电流。所以，就稳态而言，直流电流不能通过电容器，相当于开路。如果把电容器接在交流或脉动直流电路中，由于不停地充电、放电，电路中便始终有电流流过。可见，变动电流(交流)能够通过电容器。所以，电容器被广泛地应用于各种耦合、旁路、滤波、调谐以及脉冲电路中，具有通交流、隔直流的作用。

2. 电容器的分类。电容器可分为固定电容器、可变电容器两大类。

(1)固定电容器。固定电容器可以采用各种介质材料。习惯上，电容器都是按所选用介质材料的不同而分类的，如：

有机介质电容器，包括纸介质电容器、纸膜复合介质电容器和薄膜复合介质电容器。

无机介质电容器，包括云母电容器、玻璃釉电容器和陶瓷电容器。

气体介质电容器，包括空气电容器、真空电容器和充气式电容器。

电介质电容器，包括铝电解电容器、钽电解电容器和铌电解电容器。

常用电容器的特点如表 1-1-6 所示。

表 1-1-6　　电容器的主要特点

名称	型号	电容量范围	额定工作电压(V)	主要特点
纸介质电容器	CZ	1000pF～0.1μF	160～400	价格低，损耗较大，体积也较大
云母电容器	CY	4.7～30000pF	250～7000	耐高压、高温，性能稳定，体积小，漏电小，电容量小
油浸纸质电容器	CZM	0.1～16μF	250～1600	电容量大，耐压高，体积大
陶瓷电容器	CC(高频瓷) CT(低频瓷)	2pF～0.047μF	160～500	耐压高，体积小，性能稳定，漏电小，电容量小
涤纶薄膜电容器	CL	1000pF～0.5μF	63～630	体积小，漏电小，质量轻

电容器中，容量最大的是电解电容器。这也是电解电容器的最大优点，能在很小的体积里具有很大的电容量。所以，一般大容量场合选用电解电容器。其缺点是绝缘电阻低，损耗大，稳定性较差，耐高温性能也差。

电解电容器是具有极性的电容器，在使用中要特别注意它的正负极(电容器引出线端标注有符号)，否则极易导致毁坏。

除铝质电解电容器，还有高质量的用钽、铌等材料制成的电解电容器。它们的体积可以做得更小(即容量容易做得更大)，而且稳定性、耐高温等都优于铝电解电容器，但它们的价格相对较高。一般 1μF 以上的电容器均为电解电容器，而 1μF 以下的多为陶瓷电容器，或独石电容器、涤纶薄膜电容器和小容量的云母电容器等。

(2)可变电容器。可变电容器常用的介质有空气和固体薄膜两种。空气介质的电容器稳定性高，损耗小，精确度高。固体薄膜介质的电容器制造简单，体积小，但稳定性和精确度都低，损耗大。

可变电容器容量的改变是通过改变极片间的相对位置来实现的。固定不动的一组极片称为“定片”，可动的一组极片称为“动片”。按照动片运动方式的不同，分为直线往复运动式(很少使用)和旋转运动式两种。

容量变化特性是可变电容器的主要特征之一，它决定了调谐电路的频率变化规律。根据这个特性，旋转式可变电容器可分为线性电容式、线性波长式、线性频率式和容量对数式。

此外，可变电容器还有单联和多联，因为联数太多会导致制造困难，所以一般不超过五联。

3. 电容器型号的命名方法。根据国家规定，电容器的型号由主称(以字母 C 表示)、介质材料、形状结构和序号四部分组成，如图 1-1-5 所示。

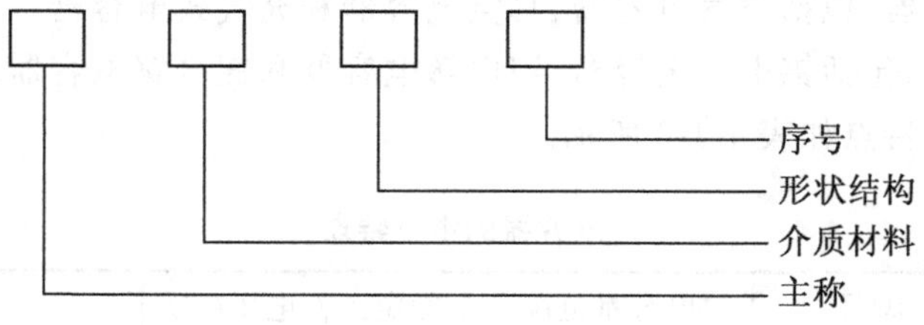

图 1-1-5 电容器的型号表示

4. 电容器容量的表示法。

(1)直接表示法。直接表示方法是用表示数量的字母 m(10^{-3})、μ(10^{-6})、n(10^{-9})和 p(10^{-12})加上数字组合表示的方法。例如，4n7 表示 4.7×10^{-9}F=4700pF；33n 表示 33×10^{-9}F=0.033μF；4p7 表示 4.7pF 等。有时用无单位的数字表示容量，当数字大于 1 时，其单位为 pF；当数字小于 1 时，其单位为 μF。例如，3300 表示 3300pF；0.022 表示 0.022μF。

(2)数码表示法。一般用三位数字来表示容量的大小，单位为 pF。前两位为有效数字，后一位表示位率，即乘以 10^i，i 为第三位数字。若第三位为 9，则乘以 10^{-1}。如 223 表示 22×10^3=22000pF=0.022μF；又如 479 表示 47×10^{-1}pF=4.7pF。这种表示方法现在比较常用。

5. 电容器的标称值。电容器的标称值与容许误差等级分别如表 1-1-7 和表 1-1-8 所示。

表 1-1-7 固定式电容器的容量标称值

<table>
<tr><th>类型</th><th>允许误差</th><th colspan="2">容量标称值</th></tr>
<tr><td rowspan="3">纸介、金属化纸介、低频极性有机薄膜介质电容器</td><td>±5%</td><td>100pF～1μF</td><td>1.0 1.5 2.2 3.3 4.7 6.8</td></tr>
<tr><td>±10%</td><td rowspan="2">1～100μF</td><td rowspan="2">1 2 4 6 8 10 15 20
30 50 60 80 100</td></tr>
<tr><td>±20%</td></tr>
<tr><td rowspan="3">无极性高频有机薄膜介质、陶瓷、云母介质等无机介质电容器</td><td>±5%</td><td colspan="2">1.0 1.1 1.2 1.3 1.5 1.6 1.8 2.0
2.2 2.4 2.7 3.0 3.3 3.6 3.9 4.3
4.7 5.1 5.6 6.2 6.8 7.5 8.2 9.1</td></tr>
<tr><td>±10%</td><td colspan="2">1.0 1.2 1.5 1.8 2.2 2.7 3.3 3.9
4.7 5.6 6.8 8.2</td></tr>
<tr><td>±20%</td><td colspan="2">1.0 1.5 2.2 3.3 4.7 6.8</td></tr>
<tr><td rowspan="3">铝、钽等电解电容器</td><td>±10%～±20%</td><td colspan="2" rowspan="3">1.0 1.5 2.2 3.3 4.7 6.8</td></tr>
<tr><td>−10%～±50%</td></tr>
<tr><td>−10%～+100%</td></tr>
</table>

表 1-1-8 常用固定电容器允许误差的等级

允许误差	±2%	±5%	±10%	±20%	+20% −30%	+50% −20%	+100% −10%
级别	02	I	II	III	IV	V	VI

6. 电容器的性能指标包括标称容量、精度等级、额定工作电压、绝缘电阻、能量损耗。损耗大的电容器不适合用在高频电路中。

常用固定式电容器的直流工作耐压值系列为：6.3V、10V、16V、25V、40V、63V、100V、160V、250V 和 400V。

7. 电容器的选用。用万用表的欧姆挡可以简单测量电解电容器的优劣，粗略判别其漏电、容量衰减和失效情况，以便合理选用电容器。

(1)合理选择电容器型号。一般在低频耦合、旁路等场合，选择金属化纸介电容器；在高频电路和高压电路中，选择云母电容器和陶瓷电容器；在电源滤波和退耦电路中，选择电解电容器。

(2)合理选择电容器精度等级，尽可能降低成本。

(3)合理选择电容器耐压值。加在一个电容器两端的电压若超过它的额定电压，电容器就会被击穿损坏。一般电容器的工作电压应低于额定电压的 50%～70%。

(4)合理选择电容器温度范围，以保证电容器稳定工作。

(5)合理选择电容器容量。等效电感大的电容器(电解电容器)不适合用于耦合、旁路高频信号；等效电阻大的电容器不适合用于 Q 值要求高的振荡电路中。为了满足从低频到高频滤波旁路的要求，常常采用将一个大容量的电解电容器和一个小容量的适合于高频的电容器并联使用。

(四)电感器

电感器是能够把电能转化为磁能而存储起来的元件。电感器的结构类似于变压器，但只有一个绕组。电感器具有一定的电感，会阻碍电流的变化。电感器在没有电流通过的状态下，电路接通时它将试图阻碍电流流过它；电感器在有电流通过的状态下，电路断开时它将试图维持电流不变。电感器又称为“扼流器”“电抗器”“动态电抗器”。电感器的电路符号如图 1-1-6 所示。

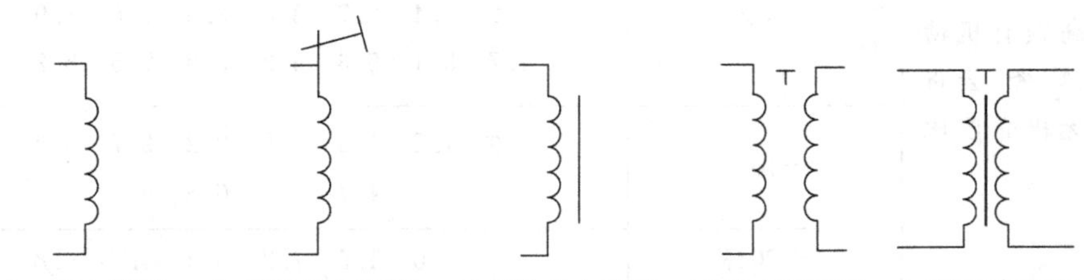

(a)一般电感器　(b)带磁芯电感器　(c)带铁芯电感器　(d)空心变压器　(e)铁芯变压器

图 1-1-6　电感器的电路符号

1. 电感器的分类。电感器在模拟电子电路中虽然使用得不是很多，但它们在电路中的作用却很重要。电感器和电容器一样，也是一种储能元件，它能把电能转变为磁场能，并在磁场中储存能量。它经常和电容器一起工作，构成 LC 滤波器和 LC 振荡器等。另外，人们还利用电感器的特性，制造了阻流圈、变压器和继电器等。电感器的特性恰恰与电容器的特性相反，它具有阻交流、通直流的特性。

根据电感器的电感量是否可调，分为固定、可调和微调电感器；根据结构，可分为带磁芯、铁芯与磁芯间有间隙的电感器等。此外，还有一些小型电感器，如色码电感器、平面电感器和集成电感器等。

2. 电感器的主要参数有电感量、允许偏差、品质因数、分布电容及额定电流等。

(1)电感量。电感量也称为“自感系数”，是表示电感器产生自感应能力的一个物理量。

电感器电感量的大小，主要取决于线圈的圈数(匝数)、绕制方式、有无磁芯及磁芯材料等。通常，线圈的圈数越多，绕制的线圈越密集，电感量就越大。有磁芯的线圈比无磁芯的线圈电感量大；磁芯磁导率越大的线圈，电感量也越大。

电感量的基本单位是亨利(简称“亨”)，用字母“H”表示。常用的单位还有毫亨(mH)和微亨(μH)，它们之间的关系是：1H＝1000mH，1mH＝1000μH。

(2)允许偏差。允许偏差是指电感器上标称的电感量与实际电感量的允许误差值。

一般用于振荡或滤波等电路中的电感器要求精度较高，允许偏差为±0.2%～±0.5%；而用于耦合、高频阻流等线圈的电感器精度要求不高，允许偏差为±10%～±15%。

(3)品质因数。品质因数也称为“Q 值”或“优值”，是衡量电感器质量的主要参数。

它是指电感器在某一频率的交流电压下工作时，所呈现的感抗与其等效损耗电阻之比。电感器的 Q 值越高，其损耗越小，效率越高。

电感器品质因数的高低与线圈导线的直流电阻、线圈骨架的介质损耗及铁芯、屏蔽罩等引起的损耗等有关。

(4)分布电容。分布电容是指线圈的匝与匝之间、线圈与磁芯之间、线圈与地之间、线圈与金属之间都存在的电容。电感器的分布电容越小,其稳定性越好。分布电容能使等效耗能电阻变大,品质因数变大。减少分布电容常采用丝包线或多股漆包线,有时也采用蜂窝式绕线法等。

(5)额定电流。额定电流是指电感器在允许的工作环境下能承受的最大电流值。若工作电流超过额定电流,则电感器就会因发热而使性能参数发生改变,甚至还会因过流而烧毁。

3.电感器的选用可遵循如下原则:电感器的工作频率要满足电路要求;电感器的电感量和额定电流要满足电路要求;电感器的尺寸大小要符合电路板的要求;尽量选用分布电容小的电感器;对于不同性质的电路,选择不同类型的电感器;对于有屏蔽罩的电感器,使用时应将屏蔽罩接地,达到隔离电场的作用。

4.功能用途。电感器在电路中主要起到滤波、振荡、延迟等作用,还起到筛选信号、过滤噪声、稳定电流及抑制电磁波干扰等作用。电感器在电路中最常见的作用就是与电容器一起,组成 *LC* 滤波电路。电容器具有"阻直流,通交流"的特性,而电感器则有"通直流,阻交流"的特性。如果把伴有许多干扰信号的直流电通过 *LC* 滤波电路,那么,交流干扰信号将被电感器变成热能消耗掉;变得比较纯净的直流电流通过电感器时,其中的交流干扰信号也被变成磁感和热能,频率较高的最容易被电感阻抗,这就可以抑制较高频率的干扰信号。

二、常用电工仪表

(一)万用表

万用表是一种高灵敏度、多用途、多量限的携带式测量仪表,是电工、电子技术中一种不可缺少的测量仪表,一般以测量电压、电流和电阻为主要目的。万用表的型号较多,有些型号的万用表还可测量电感量、电容量、功率及晶体管 β 值等。因此,万用表是电子测量和维修所必备的常用仪表。

万用表种类很多,外形各异,但基本结构和使用方法是相同的。

1.万用表主要由表头(指示部分)、测量电路、转换装置三部分组成,面板上有带有多条标尺的刻度盘、转换开关旋钮、欧姆挡调零旋钮和表笔插孔等。

(1)万用表的表头是灵敏电流计,用以指示被测电量的数值。指针式万用表该部分通常为磁电式微安表,而数字式万用表则为液晶或荧光数码显示屏。表头是万用表的关键部件,万用表性能如何,很大程度上就取决于表头的性能。表头的基本参数包括表头内阻、灵敏度和直线性,这是表头的三个重要技术指标。

表头内阻是指动圈所绕漆包线的直流电阻,严格讲还应包括上、下两盘游丝的直流电阻。内阻越高的万用表性能越好。多数万用表表头内阻在几千欧左右。

表头灵敏度是指表头指针达到满刻度偏转时的电流值。这个电流数值越小,说明表头灵敏度越高,这样的表头特性就越好。通电测试前表针必须准确地指向零位。通常,表头灵敏度只有几微安到几百微安。

表头直线性是指表针偏转幅度与通过表头电流强度的幅度相一致。

(2)测量电路是万用表的重要部分。正因为有了测量电路，才使万用表成为多量程电流表、电压表、欧姆表的组合体。

万用表测量电路主要由电阻、电容器转换开关和表头等部件组成。在测量交流电量的电路中，使用了整流器件，将交流电变换为脉动直流电，从而实现对交流电量的测量。测量电路是把被测的电量转化为适合于表头的微小信号，再通过“转换装置”转换成能够驱动指示部分指示所需的信号。

(3)转换装置是用来选择测量项目和量限的，通过其可以实现万用表的各种测量类型和量程的选择。转换装置通常由转换开关、接线柱、旋钮、输入插孔等组成。转换开关由固定触点和活动触点等部分组成。通常将活动触点称为“刀”，固定触点称为“掷”。万用表的转换开关是多刀多掷的，而且各刀之间是联动的。转换开关的具体结构因万用表的型号不同而有所差异。当转换开关转到某一位置时，活动触点就和某个固定触点闭合，从而接通相应的测量电路。

2.万用表的种类很多，按其显示方式可分为指针式万用表和数字式万用表两大类。指针式万用表是通过指针在表盘上摆动的大小来指示被测量的数值，因此也称为“机械指针式万用表”。它们各有优点，可根据具体使用要求选用。下面详细给出了指针式万用表与数字式万用表的对比：

(1)测量电压时，数字式万用表比指针式万用表的输入阻抗高，所以一般来讲，数字式万用表的测量精度要高于指针式万用表的测量精度。

(2)数字式万用表显示简洁，指针式万用表的表盘复杂。

(3)指针式万用表能显示过渡过程的变化趋势，数字式万用表则只能显示静态电路参数。

(4)数字式万用表可以用蜂鸣器发出是否导通的信号，使用方便，指针式万用表只能用表针的偏转传递信息。

(5)有些数字式万用表具有自动切换量程、短路保护、数据保持、自动关机、电池电量显示、单位显示等功能。

(6)在数字式万用表上很容易实现扩展功能。

(7)有些指针式万用表使用两块电池(1.5V 和 9V)供电，数字式万用表通常使用一块电池供电，测量电阻时指针式万用表测量精度相对高一些。

(8)指针式万用表抗高频电磁干扰能力强。

(9)有些数字式万用表有测量有效值的功能。

(10)指针式万用表可以在没有电池的情况下测量电压和电流。

3.数字式万用表是采用集成电路模/数转换器和液晶显示器，将被测量的数值直接以数字形式显示出来的一种电子测量仪表。

(1)数字式万用表的主要特点包括：数字显示，直观准确，无视觉误差，并具有极性自动显示功能；测量精度和分辨率都很高；输入阻抗高，对被测电路影响小；电路的集成度高，便于组装和维修，使其使用更为可靠和耐久；测试功能齐全；保护功能齐全，有过电压、过电流、过载保护和超输入显示功能;功耗低,抗干扰能力强,在磁场环境下能正常工作;便于携带,使用方便。

(2)数字式万用表的组成与工作原理。数字式万用表是在直流数字式电压表的基础上扩展而成的。为了能测量交流电压、电流、电阻、电容、二极管正向压降、晶体管放大系数等电量,必须增加相应的转换器,将被测电量转换成直流电压信号,再由 A/D 转换器转换成数字量,并以数字形式显示出来。数字式万用表的基本结构如图 1-1-7 所示。它由功能转换器、A/D 转换器、LCD 显示器(液晶显示器)、电源和功能/量程转换开关等构成。

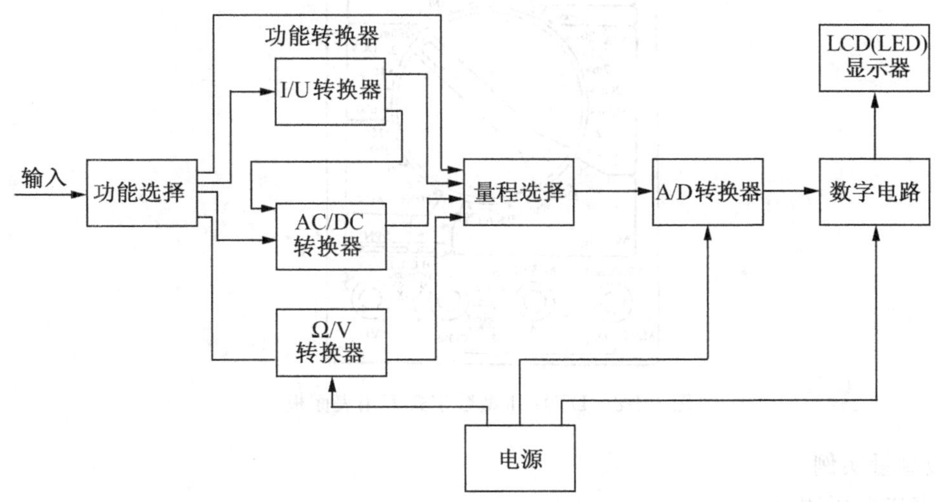

图 1-1-7 数字式万用表的基本结构

常用的数字式万用表显示数字位数有三位半、四位半和五位半之分。对应的数字显示最大值分别为 1999、19999 和 199999,并由此构成不同型号的数字式万用表。

4. DT9101 型数字式万用表是一种操作方便、读数准确、功能齐全、体积小巧、携带方便、用电池作为电源的手持袖珍式大屏幕液晶显示三位半数字式万用表。本仪表可用来测量直流电压和电流、交流电压和电流、电阻、二极管正向压降、晶体三极管 h_{FE} 参数及电路通断。DT9101 型数字式万用表面板如图 1-1-8 所示。

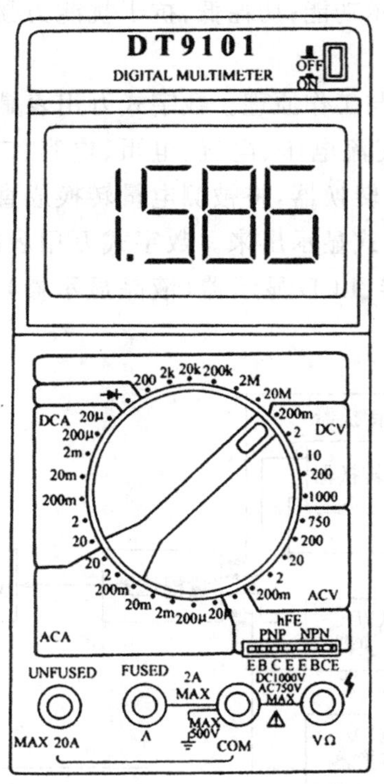

图 1-1-8 DT9101 型数字式万用表面板

(1)测量实例。

①直流电压测量。

A. 将黑色表笔插入 COM 插孔,红色表笔插入 VΩ 插孔。

B. 将功能开关置于 DCV 量程范围,并将表笔并接在被测负载或信号源上。在显示电压读数时,同时会显示出红色表笔的极性。

注意:在测量之前若不知被测电压的范围,应将功能开关置于高量程挡,然后逐步调低。若显示“1”,说明已超过量程,需调高一挡。不要测量高于 1000V 的电压,虽然有可能读得读数,但可能会损坏万用表的内部电路。在测量高压时,应特别注意避免人体接触到高压电路。

②交流电压测量。

A. 将黑色表笔插入 COM 插孔,红色表笔插入 VΩ 插孔。

B. 将功能开关置于 ACV 量程范围,并将表笔并接在被测负载或信号源上。

注意:同直流电压测试注意事项(除第三点)。不要测量高于 750V 有效值的电压,虽然有可能读得读数,但可能会损坏万用表的内部电路。

③直流电流测量。

A. 将黑色表笔插入 COM 插孔。当被测电流在 2A 以下时,红色表笔插入 A 插孔;如被测电流在 2～20A 之间,则将红色表笔插入 20A 插孔。

B. 将功能开关置于 DCA 量程范围,表笔串入被测电路中。红色表笔的极性将在数字显示的同时显示出来。

注意：如果被测电流范围未知，应将功能开关置于高挡后逐步调低。若显示“1”，说明已超过量程，需调高量程挡级。A 插口输入时，过载会将内装熔丝熔断，必须更换熔丝，规格应为 2A(外形∅5×20mm)。20A 插口没有熔丝，测量时间应小于 15s。

④交流电流测量。

测试方法和注意事项与测量直流电流相同。

⑤电阻测量。

A. 将黑色表笔插入 COM 插孔，红色表笔插入 VΩ 插孔(注意：红色表笔极性为“+”)。

B. 将功能开关置于所需量程上，将表笔跨接在被测电阻上。

注意：当输入开路时，会显示过量程“1”。当被测电阻在 1MΩ 以上时，本表需数秒后才能稳定读数，对于高电阻测量这是正常的。检测在线电阻时，必须确认被测电路已关闭电源，同时电容器已放电完毕，才能进行测量。有些器件进行电阻测量时，有可能被所加的电流损坏，表 1-1-9 列出了电阻测量各挡的电压值和电流值，以供参考。

表 1-1-9　电阻测量各挡的电压值、电流值

量程	A(V)	B(V)	C(mA)
200Ω	0.65	0.08	0.44
2kΩ	0.65	0.3	0.27
20kΩ	0.65	0.42	0.06
200kΩ	0.65	0.43	0.07
2MΩ	0.65	0.43	0.001
20MΩ	0.65	0.43	0.0001

注：A 是插座上的开路电压值；B 是跨于相当满量程电阻上的电压值；C 是通过短路输入插口的电流值(以上所有数字均为典型值)。

⑥二极管测量。

A. 将黑色表笔插入 COM 插孔，红色表笔插入 VΩ 插孔(注意：红色表笔极性为“+”)。

B. 将功能开关置于二极管挡，并将表笔跨接在被测二极管上。

注意：当输入端未接入，即开路时，显示过量程“1”。

通过被测器件的电流为 1mA 左右。本表显示值为正向压降伏特值。当二极管反接时，则显示过量程“1”。

⑦音响通断检查。

A. 将黑色表笔插入 COM 插孔，红色表笔插入 VΩ 插孔。

B. 将功能开关置于二极管量程，并将表笔跨接在欲检查的电路两端。

C. 若被检查两点之间的电阻小于 30Ω，蜂鸣器便会发出声响。

注意：当输入端未接入，即开路时，显示过量程“1”。被测电路必须在切断电源的状态下检查通断，因为任何负载信号都会使蜂鸣器发声，导致判断错误。

⑧晶体管 h_{FE} 测量。

A. 将功能管开关置于 h_{FE} 挡上。

B. 先确定晶体三极管是 PNP 型还是 NPN 型，然后再将被测管 E、B、C 三脚分别插入面板对应的晶体三极管孔内。

C. 此表显示的是 h_{FE} 近似值，测试条件为基极电流 10μA，U_{ce} 约为 2.8V。

⑨液晶显示屏幕视角选择。

一般使用或存放时，显示屏可呈锁紧状态。当使用条件需要改变显示屏视角时，可用手指按压显示屏上方的锁扣按钮，并翻出显示屏，使其转到最合适的观测角度。

(2)注意事项。

为了测量时获得良好效果及防止由于使用不当而使仪表损坏，应遵守下列注意事项：

①仪表在测试时，不能旋转开关旋钮，特别是高电压和大电流时，严禁带电转换量程。

②当被测量不能确定其数值时，应将量程转换开关旋到最大量程的位置上，然后再选择适应的量程，使指针得到最大偏转。

③测量直流电流时，仪表应与被测电路串联，禁止将仪表直接跨接在被测电路的电压两端，以防仪表因过负荷而损坏。

④测量电路中的电阻阻值时，应将被测电路的电源断开，如果电路中有电容器，应先将其放电后再测量，切勿在电路带电情况下测量电阻。

⑤仪表在每次用完后，最好将范围选择开关旋至交直流电压的 500V 位置上，以防止下一次使用时，因偶然疏忽致使仪表损坏。

⑥测量交直流电压时，应将橡胶测试杆插入绝缘管内，不应暴露金属部分，谨慎操作。

⑦在切换功能前将表笔从测试点移开。

⑧仪表设有电源自动切断功能，当持续工作 30min 左右时，电源自动切断，仪表进入睡眠状态。若要重启电源，需重复按动电源开关两次。

⑨仪表应保持清洁和干燥，以免因受潮而损坏和影响准确度。

(二)示波器

示波器是一种用途广泛的电子测量仪器，主要是利用电子示波管的特性，将人眼无法直接观测的交变电信号转换成图像，显示在荧光屏上以便测量的电子测量仪器。它是观察数字电路实验现象、分析实验中问题、测量实验结果必不可少的重要仪器。其主要功能是观察电压信号的波形，测量电压信号的振幅、相位、频率、周期，比较两路信号之间的相位关系等。常用数字存储示波器面板如图 1-1-9 所示。

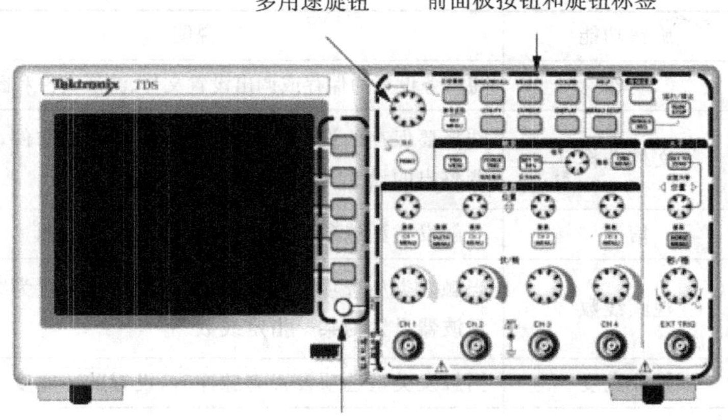

图 1-1-9　数字存储示波器面板

1. 菜单和控制按钮(见图 1-1-10)。

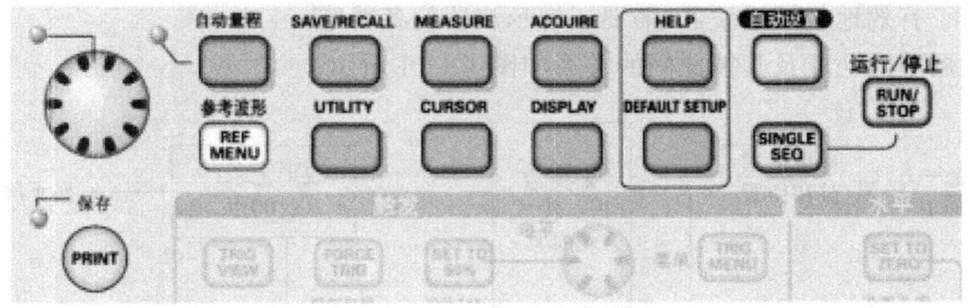

图 1-1-10　菜单区

多用途旋钮:通过显示的菜单或选定的菜单选项来确定功能。激活时,相邻的 LED 变亮。表 1-1-10 列出了所有功能。

表 1-1-10　　**各旋钮功能说明**

活动菜单或选项	旋钮功能	说明
光标	光标 1 或光标 2	定位选定的光标
DISPLAY(显示)	调节对比度	改变显示屏对比度
HELP(帮助)	滚动	选择索引项、主题链接,显示主题的下一页或上一页
水平	释抑	设置接收其他触发事件前所需时间
MATH(数学)	位置	定位数学波形
	垂直刻度	改变数学波形的刻度
MEASURE(测量)	类型	选择每个信源的自动测量类型

续表

活动菜单或选项	旋钮功能	说明
SAVE/RECALL（保存/调出）	动作	将事务设置为保存或调出设置文件、波形文件和图像文件
	文件选择	选择要保存的设置文件、波形文件或图像文件，或选择要调整出的设置文件或波形文件
触发	信源	当触发类型选项设置为边沿时，请选择信源
	视频线数	当触发类型选项设置为视频，同步选项设置为线数时，将示波器设置为某一指定线数
	脉冲宽度	当触发类型选项设置为脉冲时，设置脉冲宽度
UTILITY（辅助功能）	文件选择	选择要重命名或删除的文件
▶文件功能	名称项	重命名文件或文件夹

2. 为了有效地使用示波器，需要了解示波器的各功能。

示波器不同功能及其彼此间的关系如图 1-1-11 所示。

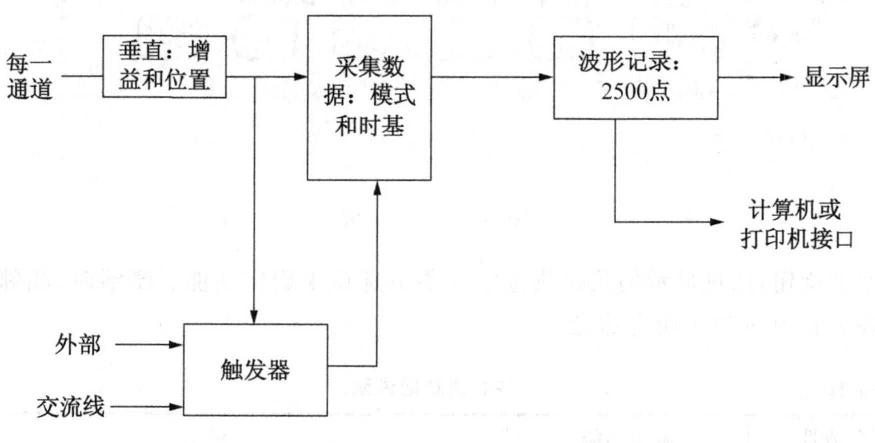

图 1-1-11　示波器功能方块图

(1)设置示波器。操作示波器时，应熟悉可能经常用到的几种功能：自动设置、自动量程、储存设置和调出设置。

①使用自动设置。每次按自动设置按钮，自动设置功能都会获得稳定显示的波形。它可以自动调整垂直刻度、水平刻度和触发设置。自动设置也可在刻度区域显示几个自动测量结果，这取决于信号类型。

②使用自动量程。自动量程是一个连续的功能，可以启用和禁用。此功能可以调节设置值，以便在信号表现出大的改变或在将探头移动到另一点时跟踪信号。

③保存设置。关闭示波器电源前，如果在最后一次更改后已等待 5s，示波器就会保存当前设置。下次接通电源时，示波器会调出此设置。可以使用 SAVE/RECALL（保

存/调出)菜单永久性保存十个不同的设置。还可以将设置储存到 USB 闪存驱动器。示波器上可插入 USB 闪存驱动器,用于存储和检索可移动数据。

A. 调出设置。示波器可以调出关闭电源前的最后一个设置、保存的任何设置或默认的设置。

B. 默认设置。示波器在出厂前被设置为用于常规操作,这就是默认设置。要调出此设置,可按下 DEFAULT SETUP(默认设置)按钮。

(2)正确触发。触发将确定示波器开始采集数据和显示波形的时间。正确设置触发后,示波器就能将不稳定的显示结果或空白显示屏转换为有意义的波形。

当按下运行/停止或 SINGLE SEQ(单次序列)按钮开始采集时,示波器执行下列步骤:

①采集足够的数据来填充触发点左侧的波形记录部分,这被称为"预触发"。

②在等待触发条件出现的同时继续捕获数据。

③检测触发条件。

④在波形记录填满之前继续采集数据。

⑤显示最近采集的波形。

(3)采集信号。采集信号时,示波器将其转换为数字形式并显示波形。获取方式定义采集过程中信号被数字化的方式和时基设置,影响采集的时间跨度和细节程度。

获取方式主要有三种:采样、峰值检测和平均值。

采样:在这种获取方式下,示波器以均匀时间间隔对信号进行采样以建立波形。此方式多数情况下可以精确表示信号。然而,此方式不能采集采样之间可能发生的快速信号变化。这可能导致假波现象,并可能漏掉窄脉冲。在这些情况下,应使用峰值检测方式来采集数据。

峰值检测:在这种获取方式下,示波器在每个采样间隔中找到输入信号的最大值和最小值,并使用这些值显示波形。这样,示波器就可以获取并显示窄脉冲,否则这些窄脉冲在采样方式下可能已被漏掉。在这种方式下,噪声看起来似乎更大。

平均值:在这种获取方式下,示波器获取几个波形,求其平均值,然后显示最终波形。可以使用此方式来减少随机噪声。

(4)缩放并定位波形。可以通过调整波形的比例和位置来更改显示的波形。改变比例时,波形显示的尺寸会增加或减小。改变位置时,波形会向上、向下、向右或向左移动。通道指示器(位于刻度的左侧)会标识显示屏上的每个波形。指示器指向所记录波形的接地参考电平。

垂直刻度和位置,通过在显示屏上向上或向下移动波形来更改其垂直位置。要比较数据,可以将一个波形排列在另一个波形的上面,或把波形相互叠放在一起。可以更改某个波形的垂直比例。显示的波形将基于接地参考电平进行缩放。

水平刻度和位置,可以调整水平位置控制来查看触发前、触发后或触发前后的波形数据。改变波形的水平位置时,实际上改变的是触发位置和显示屏中心之间的时间。

(5)测量。示波器将显示电压相对于时间的图形并帮助测量显示波形。有几种测量方法,可以使用刻度、光标进行测量或执行自动测量。

①刻度。使用此方法能快速、直观地作出估计。例如可以观察波形幅度，确定它是否略高于 100mV。

可通过计算相关的大小刻度分度并乘以比例系数，来进行简单的测量。

例如，如果计算出在波形的最大值和最小值之间有五个主垂直刻度分度，并且已知比例系数为 100mV/格，则可按照下列方法来计算峰—峰值电压：

$$5\text{格}\times 100\text{mV/格}=500\text{mV}$$

②光标。使用此方法能通过移动总是成对出现的光标并从显示读数中读取它们的数值从而进行测量。有两类光标：幅度和时间。使用光标时，要确保将“信源”设置为显示屏上想要测量的波形。要使用光标，可按下 CURSOR(光标)按钮。

幅度光标：幅度光标在显示屏上以水平线出现，可测量垂直参数。幅度是参照基准电平而言的。对于数学计算 FFT 功能，这些光标可以测量幅度。

时间光标：时间光标在显示屏上以垂直线出现，可测量水平参数和垂直参数。时间是参照触发点而言的。对于数学计算 FFT 功能，这些光标可以测量频率。时间光标还包含在波形和光标的交叉点处的波形幅度的读数。

③自动。MEASURE(测量)菜单最多可采用五种自动测量方法。如果采用自动测量，示波器会为用户进行所有的计算。因为这种测量使用波形的记录点，所以比刻度或光标测量更精确。自动测量使用读数来显示测量结果。示波器采集新数据的同时对这些读数进行周期性更新。

3. 注意事项。

(1)示波器使用不当容易损坏或影响使用寿命。每次开机前，要把辉度调节旋钮逆时针转到底后，再闭合电源开关。然后缓慢转动增大光点或扫描线的亮度，一般只要看得清楚即可。不宜让经过聚焦的小亮点停在屏上不动，防止屏上荧光物质被电子束烧坏而形成暗斑。

(2)在观察过程中，应避免经常启闭电源。示波器暂时不用时不必断开电源，只需调节辉度旋钮使亮点消失，到下次使用时再调亮即可。因为每次电源接通时，示波管的灯丝尚处于冷态，电阻很小，通过的电流很大，所以会缩短示波管寿命。

(3)电源电压应限制在(220±10%)V 的范围内。此外，旋转操作面板上各旋钮时动作要轻。当旋到极限位置时，只能往回旋转，不能硬旋。

(三)函数信号发生器

函数信号发生器是电路实验室必备的仪器之一。用传统的信号发生器(或信号源)可以产生正弦波、方波、三角波、锯齿波等规则波形，幅度、频率可以连续调节。函数信号发生器不仅具备传统信号发生器的功能，还增加了存储、偏移、定义任意波形、扫频、扫幅、猝发等功能，操作也更加灵活、方便。常用函数信号发生器面板如图 1-1-12 所示。

图 1-1-12　常用函数信号发生器面板

1. 主要技术指标。

(1)电压输出。

①频率范围：0.2Hz～2MHz，频率调整率为 0.1～1。

②输出阻抗：50Ω。

③输出波形：正弦波、三角波、方波、单次波、斜波、TTL 方波等。

④输出电压幅度：峰—峰值(10±10%)V(50Ω 负载)；峰—峰值(20±10%)V(1MΩ 负载)。

⑤对称度：20%～80%。

⑥衰减精度：≤±3%。

(2)TTL 输出。

①输出幅度：≥3V。

②输出信号阻抗：600Ω。

(3)频率计数。

①频率范围：0.1Hz～10MHz。

②测量精度：±1%(±1 个字)。

③时基频率：10MHz。

④闸门时间：10s、1s、0.1s、0.01s。

⑤时基：标称，10MHz。

2. 使用方法。

(1)初步检查。

①检查电源电压是否满足仪器的要求(220±10%)V。

②将占空比控制开关按下，电压输出衰减开关、电平控制开关、频率测量内/外开关均置于常态(未按下)；波形选择开关按下某一键；频率范围选择开关按下某一键；输出幅度调节旋钮置于适当位置。

③将电压输出插座与示波器 Y 轴输入端相连。

④开启电源开关，LED 屏幕上有数字显示，示波器上可观测到信号的波形，此时说明函数发生器工作基本正常。

(2)三角波、方波、正弦波的产生。

①按下电源开关。

②占空比控制开关、电压输出衰减开关、电平控制开关、频率测量内/外开关均置于常态。

③按照所需产生的波形,按下波形方式选择开关的三角波、方波或正弦波按键。

④按照所需产生的信号频率,按下频率范围选择开关适当的按键。然后调节频率调节旋钮,使频率符合要求。

⑤调节输出幅度调节旋钮,可改变输出电压的大小。若需输出电压较小,应按下电压输出衰减开关。

⑥若需输出信号具有某一大小的直流分量,则将电平控制开关按下,调节电平调节旋钮即可。

(3)脉冲波或斜波的产生。

①先产生方波或三角波,方法同(2)。

②按下占空比控制开关,置占空比/对称度选择开关于常态(未按下),此时占空比指示灯亮,调节占空比/对称度调节旋钮,就可使方波变为占空比可以变化的脉冲波,或使三角波变为斜波。

(4)TTL 输出。TTL 输出端可以有方波或脉冲波输出,产生方法同(2)或(3)。输出信号的频率可以改变,而信号的高电平、低电平固定,分别是 3V 和 0V。

(5)外侧频率。将需测量频率的外部信号接至外侧信号输入插座,按下频率测量内/外开关,指示灯亮,此时 LED 屏幕上显示的数值即为被测信号的频率。

第二节　电子测量的基本方法与常用电学量的测量

测量是电路实验的基本过程,掌握测量的基本方法以及对常用量的测量技术是学习这门课的基础和不断进步的阶梯。

一、电子测量的基本方法

测量是通过实验方法对客观事物取得定量信息的过程。人们通过对客观事物大量的观察和测量,总结出普遍规律,归纳、建立起各种定理、定律,之后再通过测量来验证这些定理、定律是否符合实际情况,经过如此反复实践,逐步认识事物的客观规律。因此,测量是人类用以认识和改造世界的重要手段之一。俄国科学家门捷列夫在论述测量的意义时曾说过,“没有测量,就没有科学”“测量是认识自然界的主要工具”。英国科学家库克也认为,“测量是技术生命的神经系统”。可见,正确、科学的测量是非常重要的。

(一)电子测量的特点

广义的电子测量是指以电子技术为基本手段的一种测量技术。它不仅可以测量各种电量、电信号及电路元器件的特性和参数,还能通过各种传感器将非电量转换为电信号进行测量。电子测量方便、快捷、准确，是其他测量方法所不能替代的。随着计算机技术和微电子技术的迅速发展，特别是微型计算机与电子测量仪器的结合，各种“智能仪器”和“自动测试系统”应运而生。它们不仅改变了传统意义上的测量概念，而且在整个电子技术甚至其他领域都发挥着重要作用。

狭义的电子测量是指电子学中对各种电量的测量，通常可分为以下几个方面：

电学量的测量：如电压、电流、电功率等的测量。

电信号特性的测量：如波形及其失真度、频率、相位、调制度、信号频谱、信噪比、脉冲参数等的测量。

元器件和电路参数的测量：如电阻、电感器、电容器、电子器件的参数测量，以及频率响应、品质因数、相位移、衰减、增益等电路参数的测量。

与其他测量方法相比，电子测量具有以下特点：

测量频率范围广：被测对象的频率覆盖范围极广，低端可至 10^{-6} Hz 以下，高端可至 10^{12} Hz 以上。通常根据不同的工作频段，采用不同的测量原理和使用不同的测量仪器。

测量量程宽：被测对象的量值相差悬殊，要求测量仪器的量程很宽，如高灵敏的数字电压表，可测低至 10^{-8} V 量级、高至 10^{3} V 量级的电压。

测量准确度高：电子仪器的准确度是很高的，如对频率和时间的测量准确度，可以达到 10^{-14}～10^{-13} 的量级，这是目前在测量准确度方面能达到的最高标准。

测量速度快：由于电子测量是基于电子运动和电磁波的传播来实现的，使得电子测量无论在测量速度还是在测量结果的处理和传输上，都以极高的速度进行，这是其他测量方法所无法比拟的。

可以实现遥测和长期不间断的测量，且显示方式清晰、直观：如将现场待测量转换成易于传输的电信号，通过有线或无线的方式传送到测试中心，从而实现遥测和遥控。

易于实现测试智能化和自动化：功耗低、体积小、处理速度快、可靠性高的微型计算机的出现，给电子测量理论和技术带来了变革，使仪器设备具有高性能、多功能等特点，其性能发生了很大的飞跃。

(二)电子测量的方法

我们知道，测量是为确定被测量的量值而进行的实验过程。在这个过程中，实质上是将被测量与标准量在测量设备上直接或间接地进行比较。就测量方法来说，视被测量、实验条件和所要求准确度的不同，可有不同的方法。

1. 直接测量法。直接测量法多用于工程技术方面的测量。直接测量是指测量结果可从一次测量的实验数据中得到。例如：用电流表直接测量电流，用电压表直接测量电压，用万用表直接测量电阻等，都属于直接测量。直接测量法具有简便、读数迅速等优点，但是其准确度除受到仪表的基本误差的限制，还由于仪表接入测量电路后，仪表的内阻被引入测量电路中，使电路的工作状态发生了变化而降低。下面介绍用直接法测量电流、电压。

测量电流与电压时，使用直读式指示仪表即电流表或电压表进行测量，根据仪表的读数获取被测电流与电压。

测量时，电流表应与被测电路串联，使被测电流通过电流表；电压表则与被测电路并联，电压表接在被测电路的两端，如图 1-2-1 所示。如果电流表内阻 $R_A=0\Omega$，电压表内

阻 $R_V=\infty$，则被测电路的电流和电压可由仪表真实地反映出来。但实际上由于 $R_A\neq0$、$R_V\neq\infty$，因此测量仪表接入电路后，会影响原电路的工作状态，从而造成测量误差。为了减少测量误差，要求电流表的内阻 R_A 应比负载电阻 R 小得多；而电压表的内阻 R_V 应比负载电阻 R 大得多。

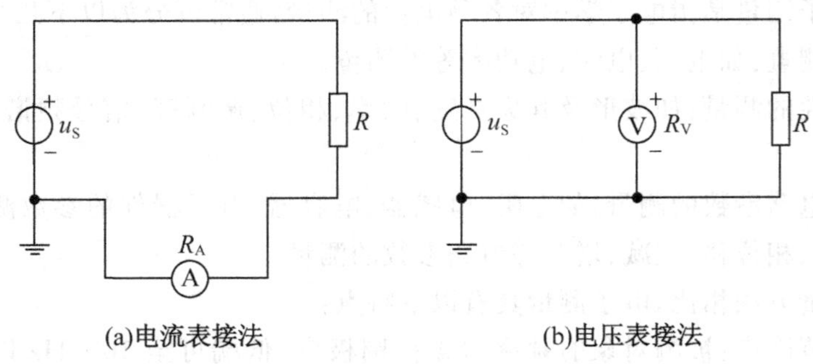

图 1-2-1

为了保证电流表、电压表的通电线圈与外壳之间不致有太高的电压，电流表应接在被测电路的低电位端，电压表的负端也应接在被测电路的低电位端。如果电压表的端钮有接地标记，接线时更应注意，应将接地标记端与被测电路的接地点相连。

2. 比较测量法。比较法指测量过程中需要度量器直接参与比较的一种方法。根据比较方式不同，比较测量法又分为两种。

(1)零值法。被测量与已知量进行比较时两种量对仪器的作用相消为零的方法称为"零值法"。如用电桥测电阻，具体电路如图 1-2-2 示，当调节 R_0，使电桥公式 $R_x=\frac{R_1}{R_2}R_0$ 保持恒等时，指零仪表的读数为零。被测电阻 R_x 可由 R_1、R_2、R_0 的数值求得。天平测质量就是一种零值法的实例。当指针指零时表明被称的重物与砝码的质量相等，根据砝码的标示重量便可得知被测重物的质量。

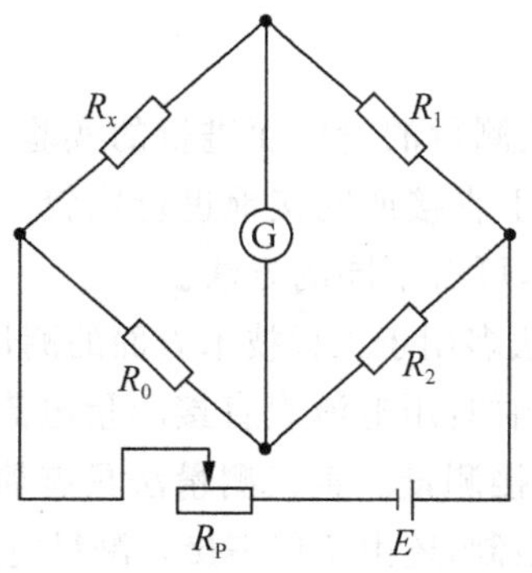

图 1-2-2　零值法测电阻

(2)替代法。利用已知量代替被测量，如果不改变测量仪表原来的读数状态，则认为被测量等于已知量。如图 1-2-2 中，在不改变 R_1、R_2、R_0 的条件下，用一个标准电阻 R_s 代替 R_x，也能使电桥平衡，则认为 $R_s=R_x$。

比较法的优点是准确度和灵敏度都比较高，测量误差主要取决于标准度量器的精度以及指零仪表的灵敏度，最小可达±0.001%。缺点是设备复杂，操作麻烦。

3. 间接测量法。间接测量法是指测量时，先测出与被测量有关的中间量，然后通过间接计算求得被测量。如要在不断开电路的条件下测电流，可先测量被测电路中的某电阻 R 上的电压 u，再通过计算得出电流 $i=\frac{u}{R}$。又如对内阻较大的电源，欲测其空载电压，可采用图 1-2-3 所示的测量方法。

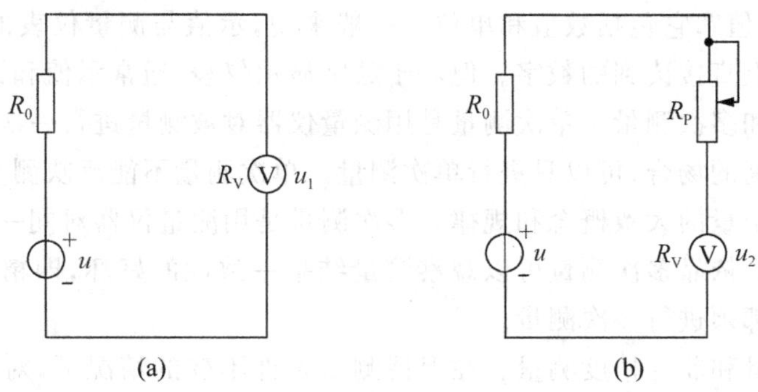

图 1-2-3 间接测量法测空载电压

先按图 1-2-3(a)所示测出电压 u_1，再按图 1-2-3(b)所示串接一个电位器 R_P，调节 R_P 的数值，使电压表读数 u_2 为 u_1 的一半，因为：

$$u_1=\frac{R_V}{R_0+R_V}u \tag{1-2-1}$$

$$u_2=\frac{R_V}{R_0+R_V+R_P}u \tag{1-2-2}$$

式中：R_V 为电压表内阻；

R_0 为电源内阻；

R_P 为串联电位器电阻；

u 为被测电源的空载电压。

将 $u_2=\frac{u_1}{2}$ 代入式(1-2-2)，并与式(1-2-1)联立求解，得：

$$u_1=\frac{R}{R_V}u \tag{1-2-3}$$

(三)测量常用的几个概念

1. 真值 A_0。一个物理量在一定条件下所呈现的客观大小或真实数值称为“真值”。但是要确切地得到真值，必须利用理想的标准器或测量仪器进行无误差的测量。可见，物理量的真值实际上是无法测得的。

2. 指定值 A_s。由于真值是不可知的，所以一般由国家设立各种尽可能维持不变的实物标准(或称为“基准”)，以法令的形式指定其所体现的量值作为计量单位的指定值。一般用指定值又称“约定真值”，来代替真值。

3. 实际值 A。在实际测量中，不可能都直接与国家基准相比对，所以国家通过一系列的各级实物计量标准构成量值传递网，把国家基准所体现的计量单位逐级比较传递到正常工作仪器或标准器上去。在每一级的比较中，都以上一级标准所体现的值当作准确无误的值，通常称为“实际值”，也称为“相对真值”。

4. 标称值。测量器具上标定的数值称为“标称值”。由于制造和测量精度不够以及环境等因素的影响，标称值并不一定等于它的真值或实际值。所以，在标出测量器具的标称值时，通常还要标出它的误差范围或准确度等级。

5. 示值。由测量器具指示的被测量量值称为测量器具的“示值”，也称为测量器具的“测得值”或“测量值”，它包括数值和单位。一般来说，示值与测量仪表的读数有区别，读数是仪器刻度盘上直接读到的数字。但对于数字显示仪表，通常示值和读数是统一的。

6. 单次测量和多次测量。单次测量是用测量仪器对被测量进行一次测量的过程。在测量精度要求不高的场合，可以只进行单次测量。单次测量不能反映测量结果的精密度，一般只能给出一个量的大致概念和规律。多次测量是用测量仪器对同一被测量进行多次重复测量的过程。依靠多次测量可以观察测量结果一致性的好坏，即精密度。通常要求较高的精密测量都须进行多次测量。

7. 等精度测量和非等精度测量。在保持测量条件不变的情况下，对同一被测量进行的多次测量过程称为“等精度测量”。这里的测量条件包括所有对测量结果产生影响的客观和主观因素。等精度测量的测量结果具有同样的可靠性。如果在对同一被测量的多次重复测量中，不是所有测量条件都维持不变，这样的测量称为“非等精度测量”。等精度测量和非等精度测量在测量实践中都存在，相比较而言，等精度测量意义更普遍些。但有时为了验证某些结果或结论、研究新的测量方法、鉴定不同的测量仪器，也要进行非等精度测量。

二、常用电学量的测量

(一)低电压小电流的测量

电路基本电量主要指电压、电流、功率、电能、相位、频率等参量。其中电压、电流和功率是最主要的电量。这些量的值将直接决定电路的各种性能状态。由于被测电压或电流的量值(大小)、波形差异极大(对于交流电量，波形、频率也各不相同)，因此，对于同一种电量，使用不同结构的仪表进行测量时其结果也将不同，以致产生错误甚至危及安全。这里主要涉及仪表的结构、工作原理和仪表的接入可能对被测电路的工作状态产生影响。为此，必须首先分析电流和电压的性质。

1. 电流和电压的性质。

(1)电压和电流的波形。电压和电流的波形决定了它们性质的基本类别。常见的各种电压波形如图 1-2-4 所示。

测量各种波形的电流或电压所使用的仪表应根据其原理和技术特性来选用。如果盲目地使用仪表，将会造成由波形因素所带来的误差。

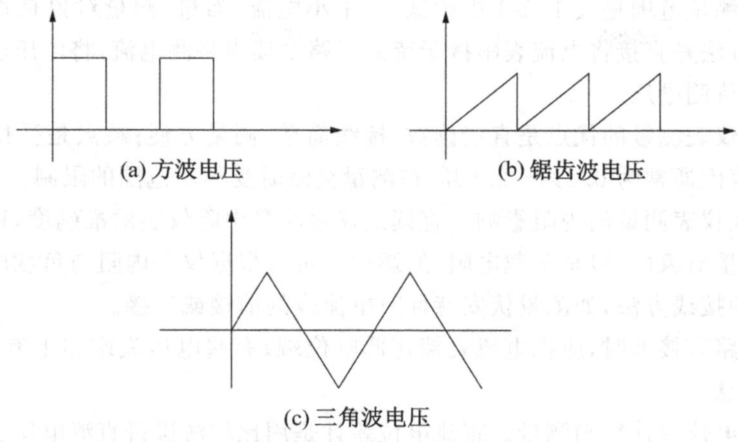

图 1-2-4 常见的各种电压波形

(2)正弦交流电量。正弦交流电量如电压，除通常的有效值 U，还有平均值 U_{VE}、峰值 U_P 和峰—峰值 $U_{P\text{-}P}$。正弦交流电压的波形如图 1-2-5 所示。

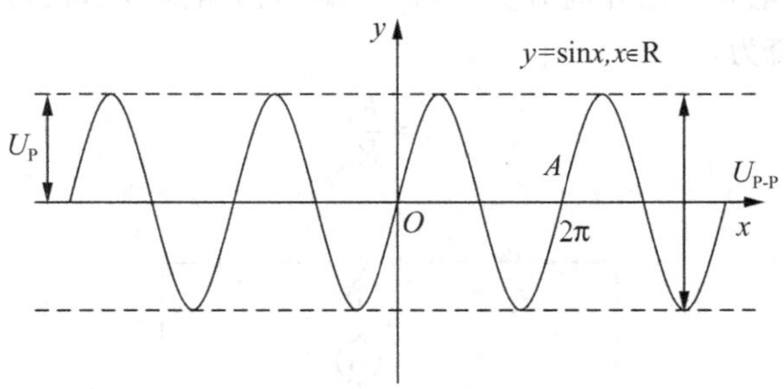

图 1-2-5 正弦交流电压的波形

(3)电压和电流的数量级。被测电压和电流的数量级是测量所选用的仪表和测量方法考虑的重要因素之一。电压和电流的数量级分挡的方法有不同版本，通常在电路测量中将电流和电压的数量级分为高压(大电流)、低压(中小电流)和弱电三个级别(见表 1-2-1)。

表 1-2-1 **电压、电流的数量级**

项目	高压(大电流)	低压(中小电流)	弱电
电压(V)	$>10^3$	$10^{-1}\sim10^3$	$<10^{-1}$
电流(A)	$>10^2$	$10^{-3}\sim10^2$	$<10^{-3}$

从表 1-2-1 可见，高、低电压及电流的大小相差悬殊。低压(中小电流)是电路测量中最常见的，其测量技术比较成熟，可以达到较高的准确度；弱电的测量通常要受到测量仪表灵敏度及各种干扰因素的限制；高压(大电流)的测量有时会受到测量仪表量程或绝缘防护等影响。因此，对于高压和弱电采用一般方法都比较难以实现准确的测量。

2.用直读式仪表测量。

(1)直读式仪表测量的特点。用直读式仪表测量交、直流电压，电流和功率在电路测量中最常见。测量范围是表 1-2-1 中的低压(中小电流)参量;测量对象是直流和低频正弦交流;测量方法是直接将电流表串接于待测回路中读出待测电流,将电压表并接于待测元器件上读出待测电压。

用直读式仪表测量的优点是直接读数、接线简单、测量方便;缺点是受仪表准确度的限制,其误差范围通常为 0.1%~2.5%,在测量交流时受频率范围的限制。

(2)直读式仪表测量的内阻影响。直读式仪表测量中除仪表的准确度,还要考虑测量仪表内阻对测量对象(一般是负载电阻)的影响。可以根据仪表内阻与负载电阻的相对比值,选择不同的接线方法,如测量伏安特性时电流表的前接或后接。

当被测线路有接地时,应把电流表接在低电位端;有些电压表端钮上有接地标志,接线时要尤其注意。

3.用直流电位差计精确测量。直流电位差计是用比较法进行直流电压、电流的测量,直接测量范围为 10^{-4}~2V 和 10^{-4}~10^{4}A,其优点是可精确测量直流电压和电流;缺点是测量方法较复杂,速度较慢。

直流电位差计测量电压的电路如图 1-2-6 所示。其中 E_s 是标准电池的电动势,电阻 R 和 R_s 是可调标准电阻。工作时开关 S 接“1”端,调节电阻 R_s,使检流计 G 的电流为零,电位差计的工作电流为:

$$i=\frac{E_s}{R_s}$$

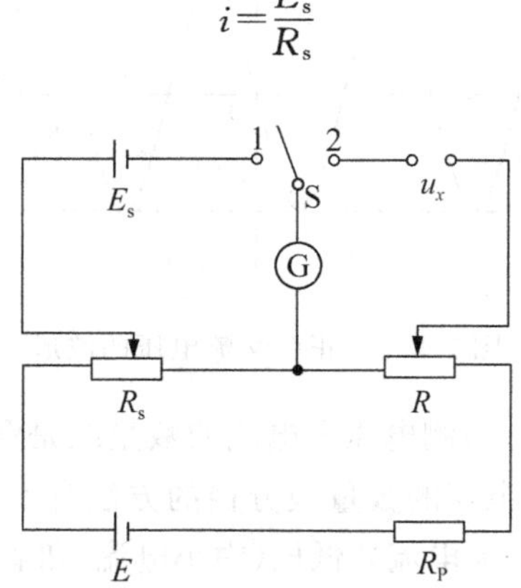

图 1-2-6　直流电位差计测量电压电路

再将开关 S 接“2”端,调节电阻 R,再使检流计 G 的电流为零,结果为:

$$u_x=Ri=E_s\frac{R}{R_s}$$

若电动势 E_s 有足够的稳定性,能使工作电流在测量期间维持恒定,则该方法的误差仅取决于标准电动势 E_s 的误差及 R 与 R_s 比率的误差。由于标准电动势的准确度可达 0.0005%~0.01%,稳定度为 100μV 左右;标准电阻的准确度可达 0.005%~0.02%,具有很高的准确度与稳定性,所以这种方法的测量误差可限制在 0.001%~0.1%的范围内,是一种精确测量直流电压的方法。

由于测量时不消耗被测电路的能量,所以对被测电路没有影响,因此也可用来测量直流电源的电动势。当被测电压的数值大于电位差计的量程时,可采用电阻分压器来扩大量程，其最高测量电压可达 1500V。

用直流电位差计测量电流，是通过测量被测电流流过标准电阻上的压降来完成的。为了减少标准电阻在测量时的接触电阻值，一般采用如图 1-2-7 所示的四端钮标准电阻，图中 P_1、P_2 是标准电阻 R_A 的电位端钮，C_1、C_2 是其电流端钮。

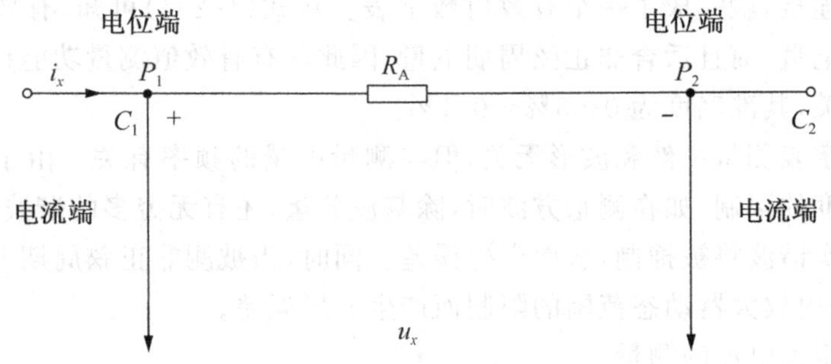

图 1-2-7 四端钮的标准电阻

4. 用真有效值表测量交流电量有效值。

(1)交流电量的有效值。交流电量的有效值是按“方均根”来定义的。即用两个相同的电阻，分别通以交流与直流，在同一时间内发出的热量相等，将此直流的大小作为交流的有效值。对于交流电压，有：

$$u = \sqrt{\frac{1}{T}\int_0^T u^2 \mathrm{d}t} \tag{1-2-4}$$

式中：T 是周期，它是瞬时值的平方在一周内积分的平均值再取平方根，简称为“方均根”。

(2)有效值(RMS)的测量。由于运算放大器具有运算的功能，利用运算放大器电路可以完成方均根的运算，原理框图及电路原理如图 1-2-8 所示。

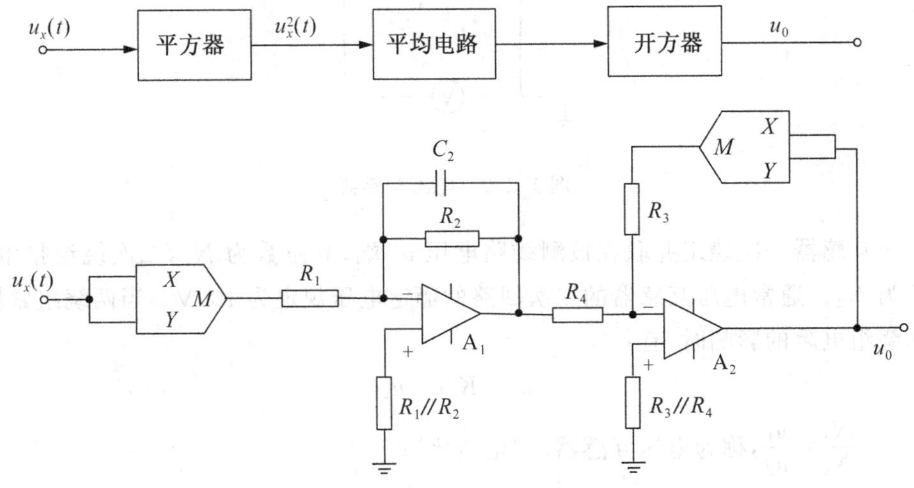

图 1-2-8 完成方均根运算的原理框图和电路原理图

目前,完成方均根运算的电路已集成为一个专用芯片,加上较少电路元件就完成了有效值的测量。为区别与平均值响应仪表的不同,称这种方式测量的仪表为"有效值 Root-Mean Square(RMS)表"。

在利用运算放大器电路完成方均根运算的基础上,再配上数字显示器或与数字式基本表的输入相连接,就完成了一个有效值数字表。从式(1-2-4)可知,有效值的定义不仅适合正弦交流电量,而且适合非正弦周期电量,因此具有有效值测量功能仪表的读数在理论上与波形无关,其准确度为 0.05%～0.1%。

有效值数字表测量虽然和波形无关,但与测量电量的频率有关。由于受到仪表内部放大器频带宽度的限制,如在测量方波时,除基波分量,还有无穷多的谐波分量,高于仪表上限频率的高次谐波将被抑制,从而产生误差。同时,当被测非正弦周期电量的尖峰过高时,会受到仪表内放大器动态范围的限制而产生波形误差。

(二)高电压大电流的测量

1.用电压互感器测量高电压。使用电压互感器(TV)测量高电压是电力系统及输配电系统常用的测量方法。电压互感器如图 1-2-9 所示,其结构类似变压器,是由高磁导率的磁芯和紧耦合的一、二次绕组构成,其工作状态接近于开路,且一次绕组具有较多的匝数。

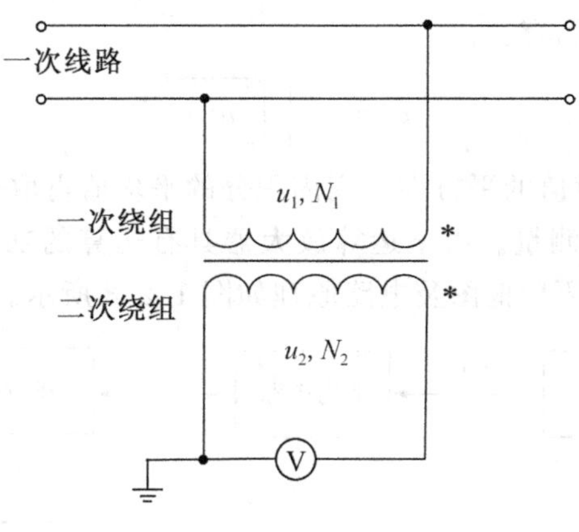

图 1-2-9　电压互感器

电压互感器一次绕组并联在被测线路电压 u_1 端,其匝数为 N_1,二次绕组接电压表,其匝数为 N_2。通常电压互感器的二次回路的额定电压规定为 100V。当两绕组紧耦合且不考虑绕组电阻的影响时,有:

$$u_1 = K_u e^{-j\theta} u_2 \tag{1-2-5}$$

式中:$K_u = \dfrac{N_1}{N_2} = \dfrac{u_1}{u_2}$,称为电压互感器的"电压比";

θ 是 u_1 和 u_2 间的相移,称为电压互感器的"相移误差"。

借助电压互感器,通常可测量数十万伏级别的电压。其电压比误差为 0.005%～0.5%,相位误差为 0.3′～40′。

由于其相位误差很小,在忽略的情况下:

$$u_1 = K_u u_2 \tag{1-2-6}$$

可见，由于 K_u 是已知的，用交流电压表测出 u_2，即可求得 u_1。

电压互感器也具有将测量回路与高压被测系统隔离开来的作用。但电压互感器绝不允许二次侧短路运行，二次侧回路的负载应是仪表的高阻抗电压线圈。如果二次侧回路阻抗降低，将使电压比误差增大。另外，为防止由于绝缘损坏使一次侧的高压危及二次侧的安全，二次侧的一个端点必须接地。

2.用电流互感器测量大电流。电力系统中用电流互感器测量交流大电流是最常用的方法，图 1-2-10 是用于测量工频交流大电流的电流互感器。

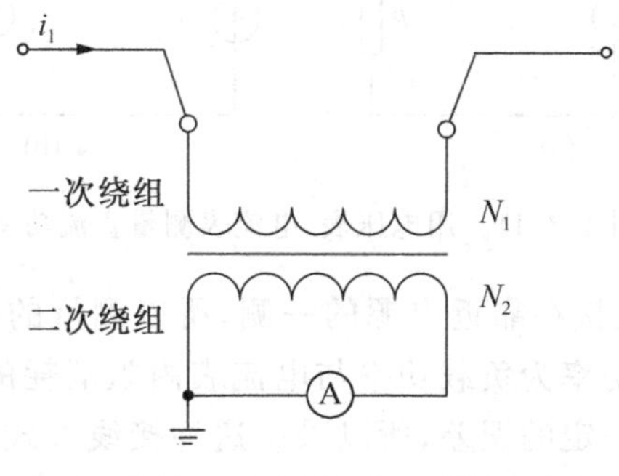

图 1-2-10 电流互感器

电流互感器除可扩大量程，还可在测量带有高电压下的大电流时起到安全隔离作用。电流互感器有一次绕组和二次绕组绕在铁芯上；一次绕组串联接入被测支路，当被测电流达到额定值时，二次电流也达到额定值(通常标准为 1A 或 5A)；二次绕组直接接到电磁系或电动系仪表。一次和二次电流关系为：

$$i_1 = K_i e^{-j\theta} i_2 \tag{1-2-7}$$

式中：$K_i = \dfrac{i_1}{i_2} = \dfrac{N_2}{N_1}$，称为电流互感器的“电流比”，$N_1$ 和 N_2 分别是各绕组的匝数；

θ 是 i_1 和 i_2 间的相移，称为电流互感器的“相位误差”。

借助电流互感器通常可以测量数十安培到一万安培的电流，其电流比误差为 0.005%～0.5%，相位误差为 0.3′～120′。由于其相位误差很小，在忽略的情况下：

$$i_1 = K_i i_2 \tag{1-2-8}$$

可见，通过测量 i_2 即可求得 i_1。

由于 I_1 通常是负载电流，其值取决于负载，因此，电流互感器的二次电流也将受到一次侧被测负载电流的控制。在二次侧开路的极端情况下，二次侧电流消失，与此同时，其一次电流却因负载电流的强制而维持不变。这样，电流互感器的铁芯由于二次侧无去磁电流而使铁芯饱和。这一饱和磁通的波形其前沿和后沿将在二次侧形成很高的尖顶波感应电压，从而危及人身安全。而且由于铁芯高度饱和加大了铁损，将导致铁芯发热甚至使互感器损坏。因此，测量时若电流互感器一次侧通有电流，其二次侧绝对不允许开路。另外，为防止由于绝缘损坏使一次侧的高压危及二次侧的安全，二次侧的一个端点必须接地。

(三)功率的测量

1. 直流功率的测量。在直流电路中,直流功率的计算公式为:

$$P=ui \tag{1-2-9}$$

可见,直流功率可用直流电流表和直流电压表分别测出通过负载的电流和其两端的电压,然后利用公式,经计算求得。

用间接法测量,有两种接线方式,如图 1-2-11 所示。

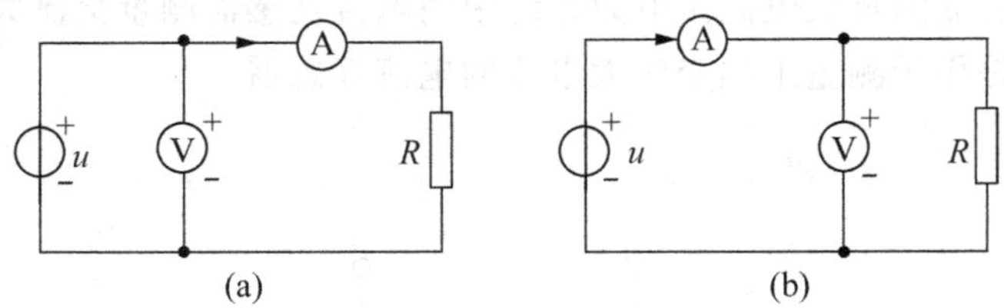

图 1-2-11 用电压表、电流表测量直流功率

图 1-2-11(a)将电压表接在靠近电源的一侧,所以测量的电压为负载电压和电流表内阻上的压降之和。所测功率为负载功率与电流表内阻消耗的功率之和。这样,电流表的内阻给测量结果造成了一定的误差,所以采用这种接线方式要求电流表的内阻比负载电阻小很多。图 1-2-11(b)将电压表接在靠近负载的一侧,故所测电流为负载电流和通过电压表的电流之和。那么所测功率为负载功率与电压表消耗的功率之和。由于电压表内阻的影响,使测量结果产生了误差。所以采用此接线方式时,应使电压表的内阻比负载电阻大很多。

用这种方法测量直流功率,其测量结果受电压表和电流表内阻的影响。一般情况下,电流表压降很小,所以多采用图 1-2-11(a)的接法。只有在负载电阻小,即低电压大电流的线路中,才采用图 1-2-11(b)的接法。在精密测量中,可以用图 1-2-11(b)的接法,然后在电流表读数中扣除电压表中通过的电流即可。

另外,用这种方法测量直流功率,其测量范围受电压表和电流表测量范围的限制。常用电流表的测量范围为 0.1mA~50A,电压表的测量范围为 1~600V。

测量直流功率的另外一种方法是直接测量。方便的方法就是用电动系功率表进行直接测量。其接线要遵守"电源端"守则。由于电动系功率表有电流线圈和电压线圈,所以它们的内阻对测量结果将产生一定的误差,接线方式如图 1-2-12 所示。

图 1-2-12(a)为电压线圈接在电源侧,电流线圈中通过的电流等于负载电流,但电压线圈两端电压 u_{WV} 为负载电压 u 与电流线圈压降 u_{WA} 之和,即:

$$u_{WV}=u+u_{WA}=u+iR_{WA} \tag{1-2-10}$$

式中:R_{WA} 为电流线圈的电阻。

功率表的读数为:

$$P_W=P+i^2R_{WA} \tag{1-2-11}$$

式中:P 为负载功率;

i^2R_{WA} 为电流线圈消耗的功率。

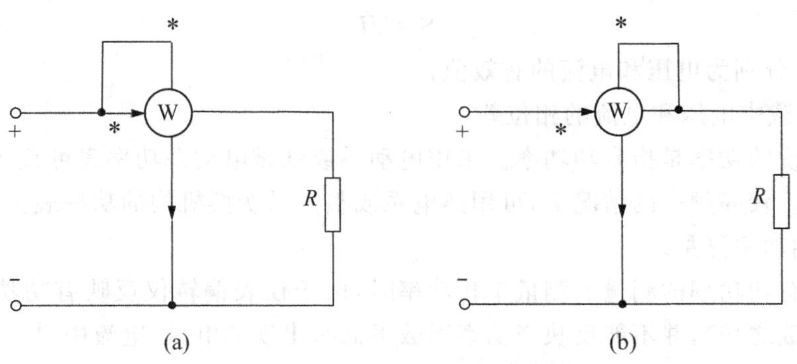

图 1-2-12 用功率表测量直流功率的接线

为了减小测量误差，应使 i^2R_{WA} 尽量小，所以这种电路适合用于 $R_{WA} \ll R$，即负载电阻较大的场合。

图 1-2-12(b)为电压线圈接在负载端，电压线圈两端的电压等于负载电压，但电流线圈的电流为负载电流与电压线圈电流之和，即：

$$i_{WA}=i+i_{WV}=i+\frac{u}{R_{WV}} \tag{1-2-12}$$

式中：R_{WV} 为电压线圈支路的电阻。

功率表的读数为：

$$P_W=P+\frac{u^2}{R_{WV}} \tag{1-2-13}$$

为了减小测量误差，应使 $\frac{u^2}{R_{WV}}$ 尽量小，所以这种电路适用于 $R_{WV} \gg R$，即负载电阻较小的场合。

一般情况下，因为电流线圈的功耗比电压线圈的功耗小，如果略去电流线圈的功耗不计，采用电压线圈接电源端的线路较好。

在精密测量时，若电源本身的功率不大，而仪表的损耗不容忽略时，则功率表的读数中应引入校正值，即从读数中减去仪表本身消耗的功率。而且因为电压线圈支路的阻抗值都标明在标尺刻度盘上，可根据负载电压求得电压线圈支路消耗的功率。电流线圈消耗的功率会随着负载电流而变，所以此时采用电压线圈支路接负载端比较好。

测量直流功率还可采用数字功率表直接进行测量。数字功率表是由数字电压表配上功率变换器构成的。由于数字电压表能快速准确地测出电压值，所以只要功率变换器足够准确，测出的功率也就比较准确。现在数字功率表的准确度可以达到比较高，其误差可小到 0.02%～0.1%。

2. 交流功率的测量。交流电路的功率按定义有以下几项：

有功功率(或平均功率)为：

$$P=ui\cos\varphi \tag{1-2-14}$$

无功功率为：

$$Q=ui\sin\varphi \tag{1-2-15}$$

视在功率为：

$$S=UI \tag{1-2-16}$$

式中:U 和 I 分别为电压和电流的有效值;

φ 为负载中电压和电流的相位差。

通常所说的功率是指有功功率。采用电动系或铁磁电动系功率表可直接测出工频时的有功功率。较高频率的情况下,可用热电系或整流系变换机构的功率表。

(1)单相功率测量。

①单相有功功率的测量。测量单相功率时,由于仪表偏转仅反映有功功率(电压、电流和功率因数之积),并不能反映当功率因数很低时出现的电压、电流中单一量的过载,故必须用电压表和电流表来监视功率表电压和电流的量程。

为了扩大功率表的量程和保证使用安全,在测量大电流和高电压情况下的功率时可以经过仪用电流互感器和仪用电压互感器来连接,如图 1-2-13 所示。若电压或电流两者之一需要扩大量程,可以只用一个电压或电流互感器,而另一个不用互感器直接接入电路。接入互感器后测量的功率表读数要乘以互感器的变比才是实际功率。

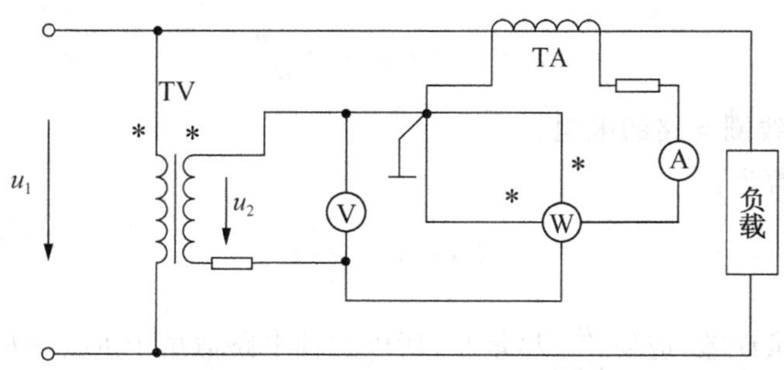

图 1-2-13　功率表经互感器接入电路

必须指出,用功率表测量交流功率时,除功率表的电压线圈和电流线圈接入时具有方法误差,还存在着频率误差和角误差。由于电压线圈匝数较多,产生的电感使其上的电流与电压有一个很小的相位差。

通常,功率表可理解为按 $\cos\varphi=1$ 情况下进行标尺分度,测量对象的功率因数不宜过低,否则角误差会增大;另外,在低功率因数下,偏转值过小也会使读数误差增大。

为了适合低功率因数 $\cos\varphi=0.1\sim0.2$ 时测量的需要,厂商专为用户设计了一种具有角误差补偿的低功率因数功率表,其额定功率因数为 0.1 或 0.2。这种仪表不论是在低功率因数还是在高功率因数下,均具有较好的准确度。

②单相无功功率的测量。单相无功功率的测量一般用电压表、电流表和有功功率表三种仪表按照测量有功功率的方法,间接得到:

$$Q=\sqrt{S^2-P^2} \tag{1-2-17}$$

式中:S 为视在功率;

P 为有功功率。

另外,也可直接用单相无功功率表测量,其基本结构和对外的测量接线与有功功率表相同,但其内部接线有所不同。仪表线路使其电压线圈产生的磁通滞后于电压 90°,故可直接指示无功功率。

(2)三相功率测量。

①三相有功功率的测量。三相功率的测量,可以选用专门测量三相功率的三相功率表,其原理和接法与下面讲述的二表法类似,这里主要介绍最常见的用单相功率表测量三相功率。

根据三相功率的定义,有:

$$P=U_A I_A \cos\varphi_A + U_B I_B \cos\varphi_B + U_C I_C \cos\varphi_C \tag{1-2-18}$$

式中:U_A、I_A,U_B、I_B,U_C、I_C 分别是 A 相、B 相、C 相相电压和相电流的有效值;

φ_A、φ_B、φ_C 分别是相电压与相电流的相位角,即功率因数角。

当三相电路对称时,有:

$$P=\sqrt{3}U_L I_L \cos\varphi \tag{1-2-19}$$

式中:U_L、I_L 表示线电压和线电流。

A. 用一表法测量三相负载有功功率。在对称三相电路中,无论是三线制还是四线制,也无论负载接成星形还是三角形,都可以用一只功率表测量其中一相负载的有功功率,且三相总功率等于功率表读数乘以 3。一表法测量电路如图 1-2-14 所示。

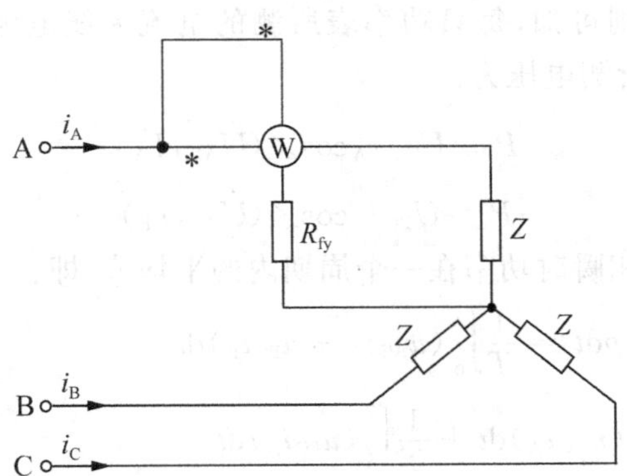

图 1-2-14　一表法测三相对称负载有功功率

在图 1-2-14 中,功率表的电流线圈和电压线圈都分别接在负载相电流和相电压上,因此仪表读数就是一相的有功功率。当星形连接负载的中点不能引出或三角形连接的负载的一相不能断开接线时,可采用如图 1-2-15 所示的人工中性点法将功率表接入,此法需用两个附加电阻 R_0。

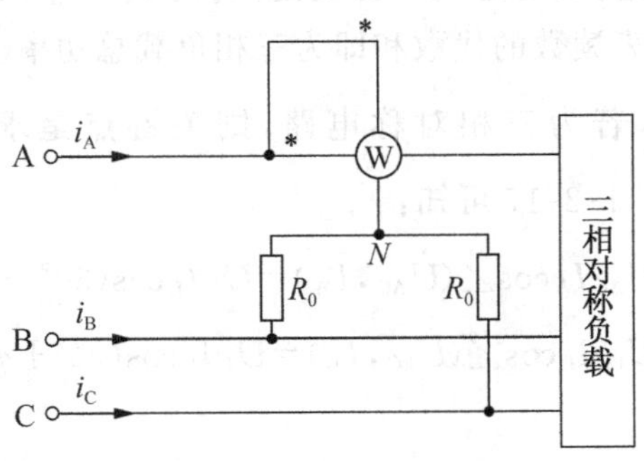

图 1-2-15　人工中性点法测有功功率

B. 用二表法测量三相三线制有功功率。二表法适用于三相三线制，不论负载对称或不对称，也不论负载接成星形还是三角形，都可以用两只单相功率表测量三相有功功率，这种方法称为“二表法”，其接线如图 1-2-16 所示。二表法的接线原则是：两只功率表的电流线圈分别串联在任意两端线中，它们的电压线圈的“电源端”分别接在电流线圈的端线上，而“非电源端”均接在未接电流线圈的第三条端线上。

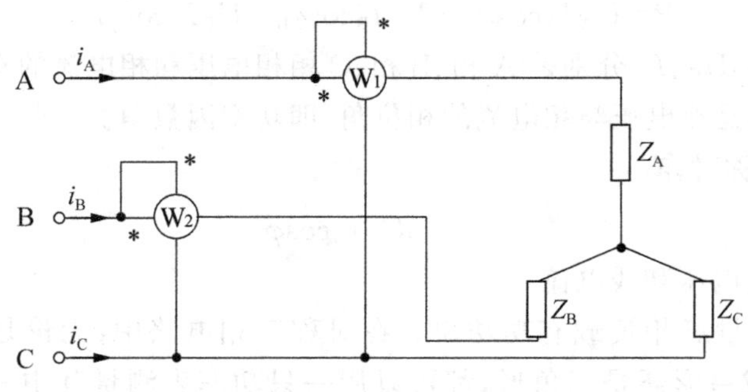

图 1-2-16　二表法测三相功率

由二表法的接线原则可知，每只功率表所测的电流为线电流、电压为线电压。在图 1-2-16 中，两只功率表所测电压为：

$$P_1 = U_{AC} I_A \cos\angle(\dot{U}_{AC}, \dot{I}_A) \tag{1-2-20}$$

$$P_2 = U_{BC} I_B \cos\angle(\dot{U}_{BC}, \dot{I}_B) \tag{1-2-21}$$

三相有功功率为三相瞬时功率在一个周期内的平均值，即：

$$\begin{aligned} P &= \frac{1}{T}\int_0^T p\mathrm{d}t = \frac{1}{T}\int_0^T (u_{AC} i_A + u_{BC} i_B)\mathrm{d}t \\ &= \frac{1}{T}\int_0^T (u_{AC} i_A)\mathrm{d}t + \frac{1}{T}\int_0^T (u_{BC} i_B)\mathrm{d}t \\ &= U_{AC} I_A \cos\angle(\dot{U}_{AC}, \dot{I}_A) + U_{BC} I_B \cos\angle(\dot{U}_{BC}, \dot{I}_B) \\ &= P_1 + P_2 \end{aligned} \tag{1-2-22}$$

而：

$$u_{AC} i_A + u_{BC} i_B = (u_A - u_C) i_A + (u_B - u_C) i_B = u_A i_A + u_B i_B + u_C i_C$$

式(1-2-22)中第一项就是图 1-2-16 中功率表 W_1 的读数 P_1，第二项就是功率表 W_2 的读数 P_2。由此得出结论：只要是三相三线制，满足 $i_A + i_B + i_C = 0$ 的条件，无论负载是否对称，二表法中两功率表读数的代数和即为三相负载总功率。

由式(1-2-22)可知，若为三相对称电路，则关键点是求得 $\cos\angle(\dot{U}_{AC}, \dot{I}_A)$ 以及 $\cos\angle(\dot{U}_{BC}, \dot{I}_B)$，由相量图 1-2-17 可知：

$$P_1 = U_{AC} I_A \cos\angle(\dot{U}_{AC}, \dot{I}_A) = U_L I_L \cos(30° - \varphi) \tag{1-2-23}$$

$$P_2 = U_{BC} I_B \cos\angle(\dot{U}_{BC}, \dot{I}_B) = U_L I_L \cos(30° + \varphi) \tag{1-2-24}$$

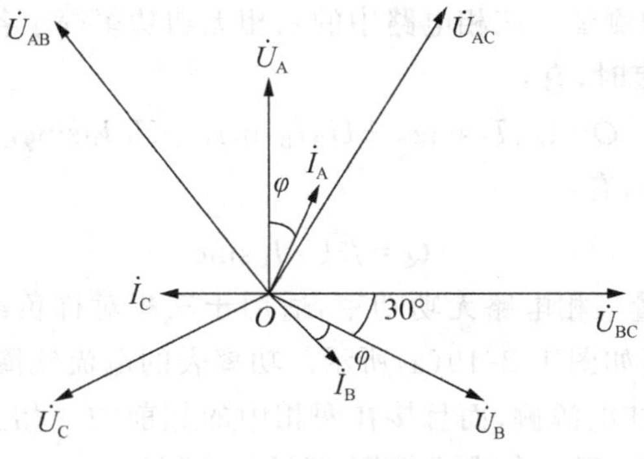

图 1-2-17　相量图

因此则有：

$$P = P_1 + P_2 = U_L I_L \cos(30° - \varphi) + U_L I_L \cos(30° + \varphi) = \sqrt{3} U_L I_L \cos\varphi \qquad (1\text{-}2\text{-}25)$$

可见两功率表读数的代数和等于三相负载总功率，而一个功率表的读数无任何意义。即使在对称电路中，这两只功率表的读数一般也不相同，它们将随负载阻抗角的变化而改变。

若负载为阻性，$\varphi = 0°$，则两表读数相等，即：

$$P = P_1 + P_2 = 2P_1 = 2P_2$$

若负载功率因数为 0.5(即 $\varphi = \pm 60°$)，则其中一只功率表读数为零，即：

$$P = P_1 + P_2 = P_1 (\text{或 } P_2)$$

若负载功率因数小于 0.5(即 $|\varphi| > 60°$)，则其中一只功率表的读数为负值，指针反向偏转。此时应转动换向开关，使指针正向偏转，但相应的读数应记为负值。这样，三相总功率即为两表读数之差，即：

$$P = P_1 - P_2 \text{ 或 } P = P_2 - P_1$$

综上所述，用二表法测三相功率时，总功率应为两功率表读数的代数和。

C. 三表法测量三相功率。三表法是三功率表法的简称，适用于三相四线不对称负载的功率测量。三表法测量三相功率的电路如图 1-2-18 所示。三表法也就是分别测量每相的有功功率，然后相加。

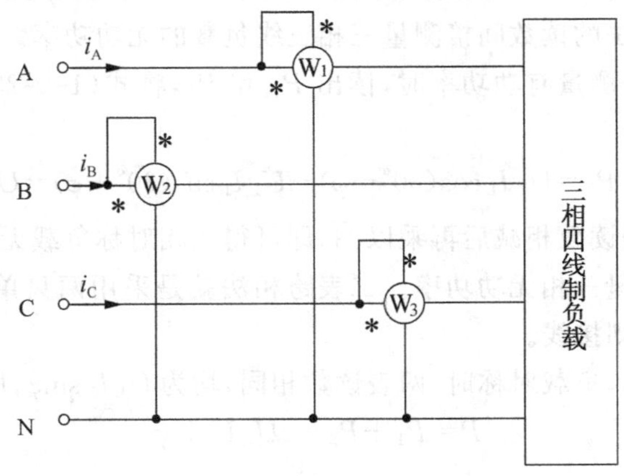

图 1-2-18　三表法测量三相功率

②三相无功功率的测量。三相电路中的三相无功功率等于各相无功功率之和。

当负载为Y形连接时，有：

$$Q=U_A I_A \sin\varphi_A + U_B I_B \sin\varphi_B + U_C I_C \sin\varphi_C \quad (1\text{-}2\text{-}26)$$

当三相电路对称时，有：

$$Q=\sqrt{3}U_L I_L \sin\varphi \quad (1\text{-}2\text{-}27)$$

A. 一表跨相法测量三相电路无功功率，适用于三相对称负载。对于电感性负载（电压超前电流），接线方法如图1-2-19(a)所示。功率表的电流线圈串接在三相电路的任意一相中，其发电机端接在电源侧，而且接在两相中的超前的一相上；电压线圈跨接在其余两相上。从图1-2-19(b)所示电感性负载相量图上可见：

$$P=U_{BC} I_A \cos(90°-\varphi_A)=U_{BC} I_A \sin\varphi_A = U_L I_L \sin\varphi \quad (1\text{-}2\text{-}28)$$

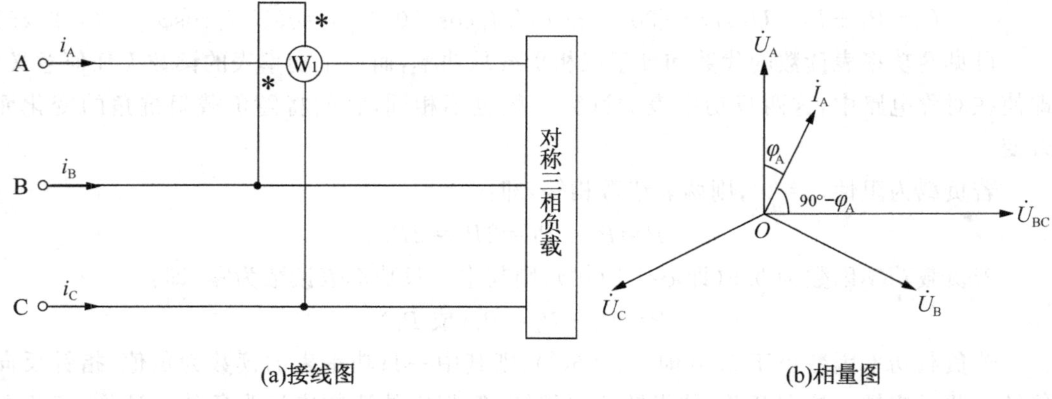

图1-2-19 一表跨相法测量三相电路无功功率

由式(1-2-27)和式(1-2-28)可知：

$$Q=\sqrt{3}P \quad (1\text{-}2\text{-}29)$$

功率表读数乘以$\sqrt{3}$，即为无功功率的数值。

B. 二表法测量三相无功功率。

a. 利用有功功率的二表法测量三相无功功率。当三相负载完全对称时，可利用测量三相有功功率的二表法的读数间接测量三相三线负载的无功功率。在三相负载完全对称的情况下，当用二表法测量有功功率时，读出P_1和P_2，将式(1-2-23)和式(1-2-24)两式相减，就有

$$P=P_1-P_2=U_L I_L \cos(30°-\varphi)-U_L I_L \cos(30°+\varphi)=U_L I_L \sin\varphi \quad (1\text{-}2\text{-}30)$$

由此可见，功率表读数相减后再乘以$\sqrt{3}$，即可得三相对称负载无功功率。

b. 二表跨相法测量三相无功功率。二表跨相法就是采用两只单相功率表测量，两表均按一表跨相法的原则接线。

如图1-2-20所示，负载对称时，两表读数相同，均为$U_L I_L \sin\varphi$，所以有：

$$P=P_1+P_2=2U_L I_L \sin\varphi \quad (1\text{-}2\text{-}31)$$

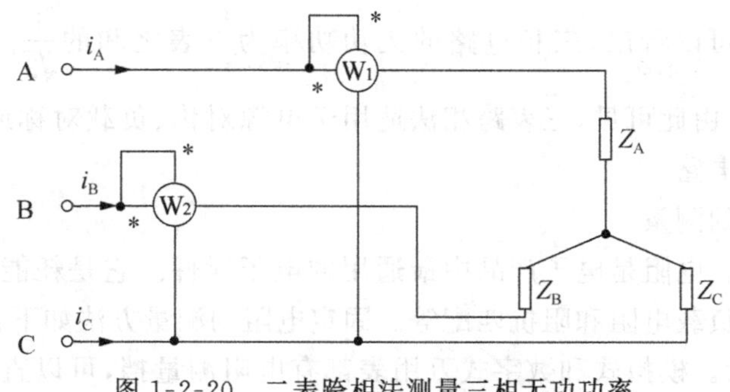

图 1-2-20 二表跨相法测量三相无功功率

则三相无功功率为：

$$Q=\frac{\sqrt{3}}{2}P \tag{1-2-32}$$

即用二表跨相法测得的三相无功功率等于两功率表的读数之和乘以$\frac{\sqrt{3}}{2}$，这种接线也只适用于对称三相电路。

当三相电源不完全对称时(这在工程上是难免的)，二表跨相法的误差较一表跨相法小，因此，实用中采用二表跨相法而不采用一表跨相法。

c. 三表跨相法测量三相无功功率。对于电源对称而负载不对称的三相电路，可用三只单相功率表测量它的无功功率，接线图和对应的相量图如图 1-2-21 所示。三只功率表的电流线圈分别接在 A、B、C 三个端线上，它们的电压支路分别跨接在其他两端线上，则三只功率表的读数分别为：

$$P_1=U_{BC}I_A\cos(90°-\varphi_A)$$

$$P_2=U_{CA}I_B\cos(90°-\varphi_B)$$

$$P_3=U_{AB}I_C\cos(90°-\varphi_C)$$

$$\begin{aligned}P_1+P_2+P_3&=U_{BC}I_A\cos(90°-\varphi_A)+U_{CA}I_B\cos(90°-\varphi_B)+U_{AB}I_C\cos(90°-\varphi_C)\\&=3U_LI_L\sin\varphi\end{aligned} \tag{1-2-33}$$

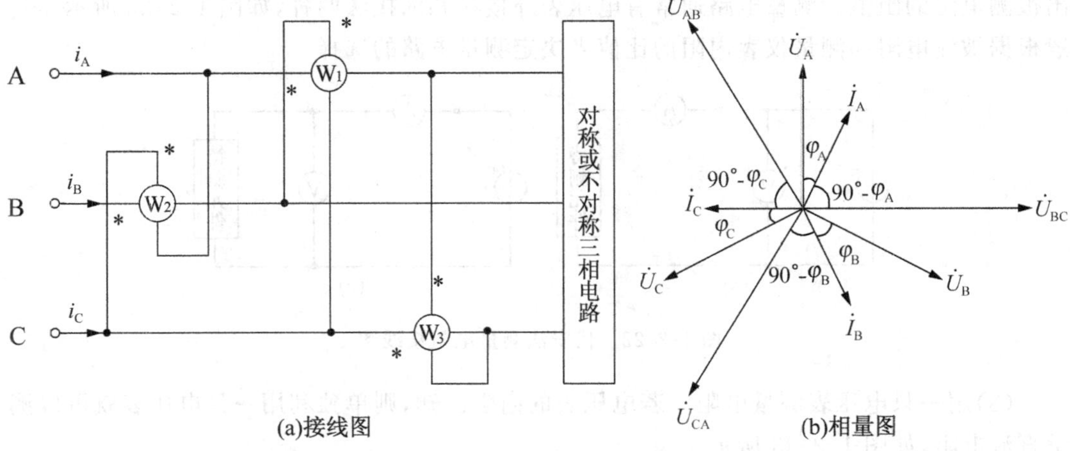

图 1-2-21 三表跨相法测三相电路无功功率

由式(1-2-33)可以看出，三相电路的无功功率为三表之和的$\frac{1}{\sqrt{3}}$。当负载为三角形时，结论仍然成立。由此可见，三表跨相法适用于电源对称、负载对称或不对称的三相三线制或三相四线制电路。

(四)电路参数的测量

1. 电阻的测量。电阻是电子产品中最通用的电子元件。它是耗能元件，在电路中分配电压、电流，用作负载电阻和阻抗匹配等。固定电阻的测量方法如下：

(1)万用表测量。模拟式和数字式万用表都有电阻测量挡，可以直接测量电阻阻值。模拟式万用表测量时需要选择倍率或量程范围，将两个表笔短路调零，再将万用表并接到被测电阻的两端，读出显示的数值即可。

在用万用表测量电阻时，应注意以下几个问题：

①当电阻连接在电路中时，首先应将电路的电源断开，绝不允许带电测量电阻值。如果电路中有电容器连接时，应断开电容器或将电容器放电后再进行测量。如果电阻两端和其他元件相连，则应断开一端后再测量，否则会造成测量结果的错误。

②测量电阻时，要防止把双手和电阻的两个端钮及万用表的两个表笔并联捏在一起，因为这样测得的阻值为人体电阻和被测电阻并联后的等效阻抗。在测量几千欧以上的电阻时，尤其需要注意这一点。

③由于万用表测量电阻时，电阻仅有直流电流流过，并在电阻两端产生一定的压降，所以需要考虑被测电阻所能承受的电压和电流，以免损坏被测电阻。一般对于某些电压和电流承受能力较弱的电阻器件，特别需要引起重视。

④在用万用表测量的时候，还要注意换量程调零。注意万用表的内部电池电压是否达到额定要求，否则会带来额外的测量误差。通常在使用中，万用表测量电阻一般只作粗略的检查测量。

(2)伏安法测量。伏安法是一种间接测量的方法。当被测电阻上流过一定电流时，采用电流表和电压表分别测被测电阻两端的电压和流过的电流，根据欧姆定律$R=\frac{u}{i}$计算出被测电阻的阻值。测量电路通常有电压表外接法和内接法两种，如图1-2-22所示。一般根据被测电阻和测量仪表内阻的比值来决定测量电路的选择。

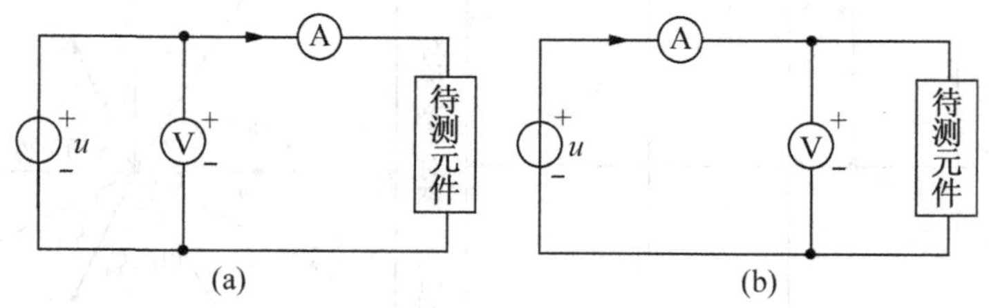

图1-2-22　伏安法测量电阻接线图

(3)用一只电压表测量电阻。若电压表的内阻已知，则单独利用一只电压表就可以测量直流电阻，如图1-2-23所示。

先将开关S合于位置1上，这时电压表的读数是电源电压，$U_1=U$。然后再把开关S

合于位置 2 上，这时电压表的读数为 U_2，等于电源电压的一部分，则：

$$U_2=\frac{R_V}{R_x+R_V}U=\frac{R_V}{R_x+R_V}U_1$$

解得：

$$R_x=\left(\frac{U_1}{U_2}-1\right)R_V \tag{1-2-34}$$

应当指出，采用这一方法来测量，在两次读取电压表读数时，电源电压 U 应保持不变，否则就会引入一定的误差。此外，被测电阻相对于电压表的内阻来说也不宜太小。如果太小，U_1 与 U_2 读数很接近，由式(1-2-34)可知，用这一方法计算出的被测电阻的误差是很大的。

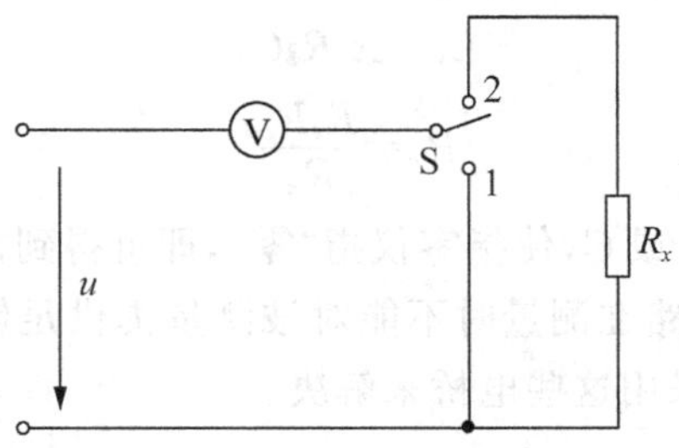

图 1-2-23 用电压表测量电阻

(4)用一只电流表测量电阻。若电流表的内阻已知，则单独利用一只电流表也可以测出工作状态下的电阻，如图 1-2-24 所示。先将开关 S 置于位置 1 上，则电流表的读数为：

$$I_1=\frac{U}{R_x+R_A} \tag{1-2-35}$$

然后，再把开关 S 置于位置 2 上，R_0 为已知的标准电阻，这时电流表的读数为：

$$I_2=\frac{U}{R_0+R_A} \tag{1-2-36}$$

可得：

$$R_x=\frac{I_2}{I_1}(R_0+R_A)-R_A \tag{1-2-37}$$

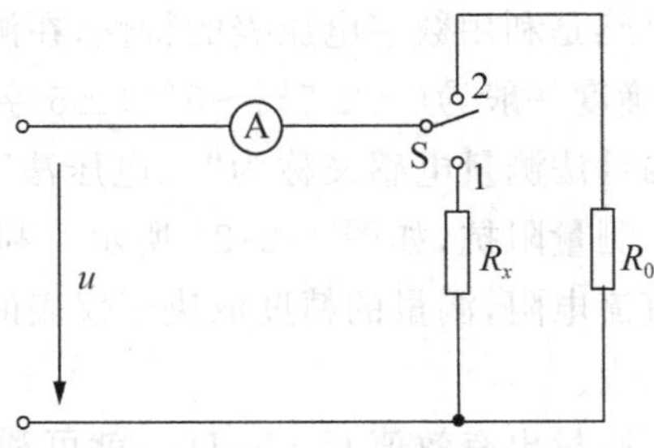

图 1-2-24 用电流表测电阻

如果图 1-2-24 中的 R_0 选用的是一个可变电阻箱，则可借助于电阻 R_0 的调试，使得电流表的两次读数相同，即 $I_1=I_2$，这时有 $R_x=R_0$。可见，在这种情况下不需知道电流表

的内阻 R_A，就能测出被测电阻的数值。

2. 电感的测量。电感器参数测量的准确度与工作条件、测试方法和测量工具有关，常见的测量方法如下：

(1)交流电桥测量电感。交流电桥测量电感属于比较法测量。优点是测量准确度较高，一般为 0.5%～5%，而且可以同时测量其品质因数 Q_L（一般是在 1000Hz 情况下）。缺点是调节电桥平衡需要交流参数中的实部和虚部分别相等，因比较困难，所以测量速度较慢。

测量电感的交流经典电桥种类很多：麦克斯韦电桥、电感比较型电桥、欧文电桥和安德生电桥等。麦克斯韦电桥原理如图 1-2-25 所示。

麦克斯韦电桥适合测中值电感。由图 1-2-25 可得平衡关系：

$$L_x = R_a R_b C_n \tag{1-2-38}$$

$$R_x = \frac{R_a R_b}{R_n} \tag{1-2-39}$$

只要调节电桥中的 R、L 或 C，使指零仪指“零”，即可得到待测电感和其直流电阻。

由于一般交流电桥的线路在测量时不能对被测量提供足够的电流，因此对于非线性电感如铁芯线圈，通常不能采用这些电桥来解决。

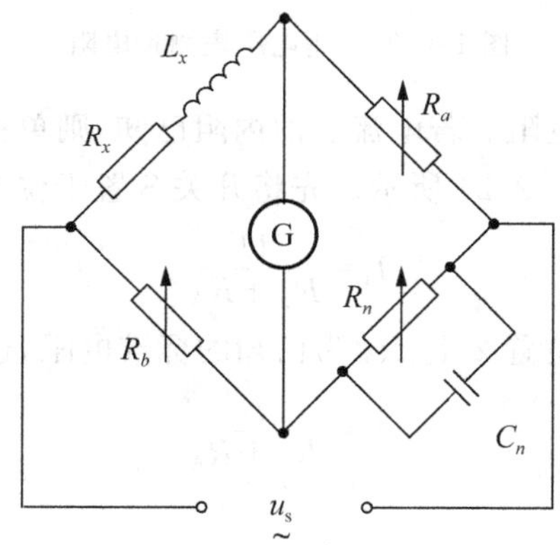

图 1-2-25　麦克斯韦电桥

(2)数字式万用表测量电感是利用数字电压表的特性，在测量其他电路元件参数时增加了测量电感的功能。其准确度一般为(±2.5%～5%)±5 字，测量范围为 1mH～20H。

(3)相量法测量电感。相量法测量电感又称为“三电压法”，是一种间接测量方法，不仅可以测量电感，而且常用于测量阻抗，如图 1-2-26 所示。利用电路原理中相量分析方法进行测量，计算出电感和直流电阻，测量的精度取决于仪表的准确度。其优点是测量方便，只需正弦电源和交流电压表。

相量法测量电感时，只要测量出有效值 U、U_R、U_{Lr}，就可利用余弦定理进行计算：

$$\theta = \arccos\left(\frac{U_R^2 + U_{Lr}^2 - U^2}{2U_R U_{Lr}}\right) \tag{1-2-40}$$

$$U_r = U_{Lr}\cos(180° - \theta) \tag{1-2-41}$$

$$U_L = U_{Lr}\sin(180° - \theta) \tag{1-2-42}$$

$$I=\frac{U_R}{R} \tag{1-2-43}$$

$$L=\frac{U_L}{\omega I} \tag{1-2-44}$$

$$r=\frac{U_r}{I} \tag{1-2-45}$$

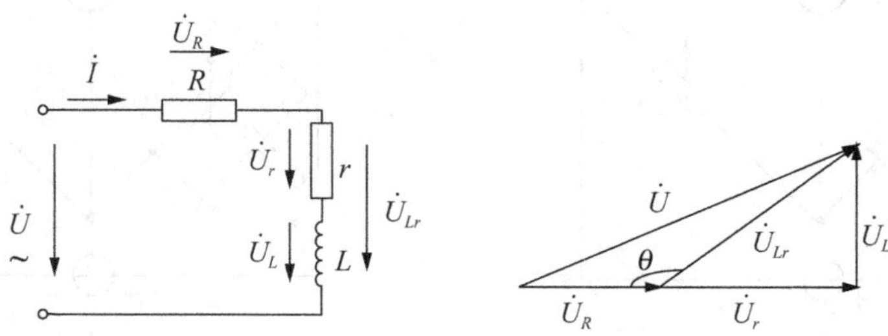

图 1-2-26 相量法测量电感

3.电容的测量。电容的测量方法有万用表法和交流电桥法。

(1)万用表测量。目前的数字式万用表一般都有电容测量挡,可以估测电容的大小,但是测量精度相对较低,能测量的范围也较小。在测量电容时,首先必须将电容器短接放电。若显示屏显示“000”,表明电容器已被击穿、短路;若显示屏仅显示最高位“1”,表明电容器已断路。

也可通过万用表的电阻挡检测无极性电容器是否存在短路、开路和漏电情况,具体方法如下:

①对待测电容器短接放电。

②选择电阻挡,将表笔搭接至电容器两端。对于电容量较大(>5100pF)的电容器,可看到显示屏的显示在变化,最后稳定于某一电阻值,即为电容器的绝缘电阻值,一般大于 500kΩ。

③如果读数不变,将两表笔交换,若读数仍然不变,则表明该电容器已断路;若读数为零或很小,则表明该电容器已被击穿、短路。

电解电容器容量较大,且有极性,在使用时不可接反。若对电解电容器进行漏电阻测量,首先必须短接放电,然后将量程开关置于“Ω”挡,用 20MΩ 挡或 2MΩ 挡进行测量。一般来讲,电容量大,其漏电流也大,测出的漏电阻值小。

(2)交流电桥法。交流电桥法根据待测电容介质损耗的大小,有如图 1-2-27 和图 1-2-28 所示的串联和并联两种方法。

实际电容器并非理想元件,它存在介质损耗,所以通过电容器的电流与它两端的电压的相位差比 90°小一个 δ 角,此 δ 角就称为“介质损耗角”。一般以 $\tan\delta$ 代表电容的介质损耗特性,用 D 表示,称为“损耗因数”。串联电桥适合于测量损耗小的电容器,C_x 为被测电容器,R_x 为其等效串联损耗电阻。对于图 1-2-27 所示电路,由电桥平衡条件可得:

$$C_x=\frac{R_4}{R_3}C_n,R_x=\frac{R_3}{R_4}R_n,D_x=\tan\delta=\frac{U_R}{U_C}=\frac{IR_x}{\dfrac{I}{\omega C_x}}=\omega C_xR_x=\omega C_nR_n$$

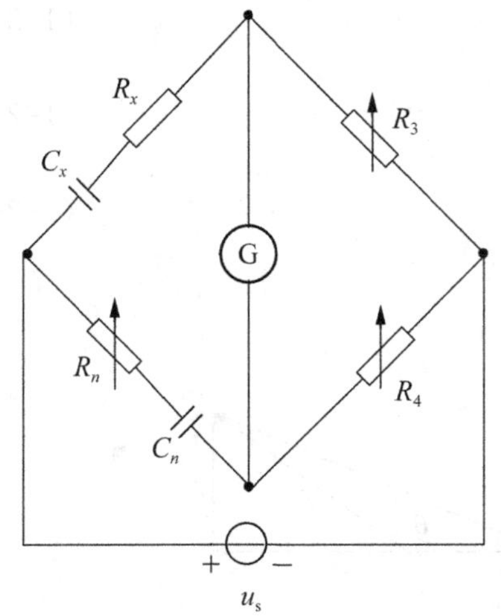

图 1-2-27 串联电桥

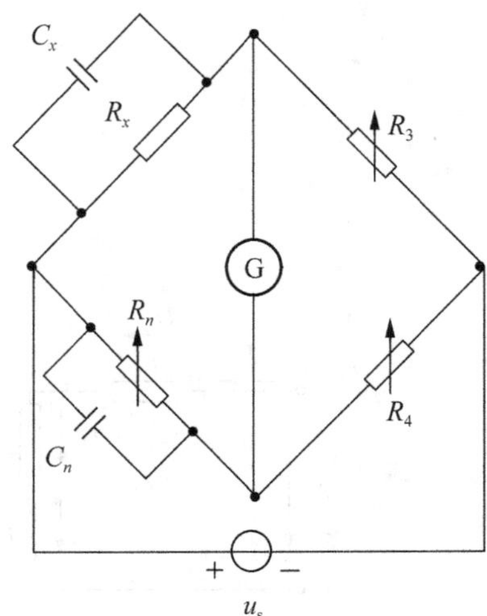

图 1-2-28 并联电桥

测量时，根据被测电容值的范围，通过改变 R_3 来选取一定的量程，然后反复调节 R_4 和 R_n 使得电桥平衡(即检流计读数最小)，从 R_4 和 R_n 刻度读出 C_x 和 D_x 的值。若被测电容的损耗大，则用上述电桥测量，与标准电容相串联的电阻 R_n 必然很大，这样会降低电桥的灵敏度，因此宜采用如图 1-2-28 所示的并联电桥。并联电桥适合于测量损耗较大的电容器。C_x 为被测电容器，R_x 为其等效串联损耗电阻，测量时，调节 R_n 和 C_n 使得电桥平衡，此时：

$$C_x=\frac{R_4}{R_3}C_n,R_x=\frac{R_3}{R_4}R_n,D_x=\tan\delta=\frac{I_R}{I_C}=\frac{\frac{U}{R_x}}{\omega C_x U}=\frac{1}{\omega C_x R_x}=\frac{1}{\omega C_n R_n}$$

第三节 实验中的误差与数据处理

测量是指通过实验的方法，去测定一个未知量的大小，这个未知量叫作“被测量”。一个量在被测量时，该量本身的真实大小称为“真值”。在测量中，由于人们对客观认识的局限性、测量器具不准确、手段不完善、测量条件发生变化及测量工作中的疏忽等，都会使测量结果与真值不同，这个差别就是测量误差。

进行不同的测量时，对其测量误差的大小要求往往是不同的。随着科学技术的进步，对减小测量误差提出了越来越高的要求。我们学习掌握一定的误差理论和数据处理知识，为的是能合理设计和组织实验，正确地选用测量仪器、仪表和测量方法，减小测量误差，得到最接近被测量真值的结果。

一、仪表误差及误差表达方式

对于各种电路指示仪表，无论制造得如何精细及其质量如何优良，它的测量值与被测量的真值之间总是存在着某种程度的差异，这个差异称为“仪表误差”。仪表误差越小，说明仪表的测量值与实际值就越接近。因此，仪表的准确度用误差的大小来说明。

（一）仪表误差分类

1.基本误差。仪表在正常工作条件下，由于活动部分的摩擦、标尺刻度不准、零件装配不当等原因造成的误差，都属于仪表的基本误差。这是仪表本身固有的一种误差。

2.附加误差。当仪表工作超出规定的正常工作条件，如环境温度、电源电压、频率等因素偏离规定的正常条件时，都会造成额外的误差。这种由于工作条件的改变而造成的额外误差，称为仪表的“附加误差”。

（二）误差表示方式

1.绝对误差。仪表的指示值（A_x）和被测量的真值（A_0）之间的差值称为“绝对误差”。绝对误差以 Δ 表示，即：

$$\Delta=A_x-A_0 \qquad (1\text{-}3\text{-}1)$$

当 $A_x>A_0$ 时，Δ 是正值；当 $A_x<A_0$ 时，Δ 是负值，所以，绝对误差是具有大小、正负和量纲的数值，大小和符号分别表示指示值偏离真值的程度和方向。计算时，可用标准表（用作校正工作仪表的高准确度仪表）的指示值作为被测量的真值。

例：用一只标准电压表校准甲、乙两只电压表时，读得标准电压表的指示值为 50V，甲、乙两表的读数分别为 51V 和 49.5V，求它们的绝对误差。

解：由式（1-3-1）得：

甲表的绝对误差为：

$$\Delta_{甲}=A_x-A_0=51\text{V}-50\text{V}=1\text{V}$$

乙表的绝对误差为：

$$\Delta_{乙}=A_x-A_0=49.5\text{V}-50\text{V}=-0.5\text{V}$$

可见，乙表的指示比甲表准确。

因此，在测量同一个量时，可以用绝对误差 Δ 的绝对值来说明指示值偏离真值的程度，但不能说明测量的准确程度。

由式（1-3-1）可推得：

$$A_0=A_x+(-\Delta)=A_x+c \qquad (1\text{-}3\text{-}2)$$

式（1-3-2）中，$c=-\Delta$ 称为“修正值”（更正值、校正值）。修正值与绝对误差的绝对值大小相等，符号相反。引入修正值，就可以对仪表指示值进行校正，清除其误差，得到被测量的实际值。

2.相对误差。测量不同大小的被测量时，不能简单地用绝对误差来判断其准确程度。例如，甲表在测量 100V 电压时，绝对误差 $\Delta_{甲}=1\text{V}$，乙表在测量 10V 电压时，绝对误差 $\Delta_{乙}=+0.5\text{V}$，从这里的绝对误差来看，甲表大于乙表。但从仪表误差对测量结果的相对影响来看，却是乙表较大。因为甲表的误差只占被测量的 1%，而乙表的误差占被测量的 5%，所以，乙表误差对测量结果的相对影响更大。在工程上，通常采用相对误差来衡量测量结果的准确程度。

相对误差就是绝对误差 Δ 与被测量真值 A_0 的比值，通常用百分数来表示，用符号 r 表示相对误差，即：

$$r=\frac{\Delta}{A_0}\times 100\% \qquad (1\text{-}3\text{-}3)$$

例：已知甲表测量 100V 电压时，$\Delta_甲=1\text{V}$，乙表测量 10V 电压时，$\Delta_乙=+0.5\text{V}$，求它们的相对误差。

解：甲表的相对误差为：

$$r_甲=\frac{\Delta_甲}{A_0}\times 100\%=\frac{1}{100}\times 100\%=1\%$$

乙表的相对误差为：

$$r_乙=\frac{\Delta_乙}{A_0}\times 100\%=\frac{0.5}{10}\times 100\%=5\%$$

可见，乙表的相对误差大于甲表。

在误差较小、要求不太严格的场合，可用仪表的指示值代替实际值计算相对误差，即：

$$r_甲=\frac{\Delta}{A_x}\times 100\%$$

3. 引用误差。相对误差能表示测量结果的准确程度，却不能说明仪表本身的准确性能。同一仪表，在测量不同的被测量时，由于摩擦等原因造成的绝对误差 Δ 变化不大，但随着被测量的变化，仪表的指示值可在整个刻度范围内变化。因此，对应不同大小的被测量，就有不同的相对误差，很难用相对误差来全面衡量一只仪表的准确性能。

例：一只测量范围为 0～250V 的电压表，在测量 200V 电压时，绝对误差为＋1V；在测量 10V 电压时，绝对误差为＋0.9V。求它们的相对误差。

解：测量 200V 电压时，相对误差为：

$$r_1=\frac{1}{200}\times 100\%=0.5\%$$

测量 10V 电压时，相对误差为：

$$r_2=\frac{0.9}{10}\times 100\%=9\%$$

可见，随着被测量的变化，相对误差也跟着变化。因此就提出了引用误差，以便更好地反映仪表的基本误差。

引用误差是指绝对误差 Δ 与仪表测量上限 A_m（仪表的满刻度值）比值的百分数，用 r_m 表示，即：

$$r_m=\frac{\Delta}{A_m}\times 100\% \qquad (1\text{-}3\text{-}4)$$

由于仪表的测量上限是一个常数，而仪表的绝对误差又大体不变，所以可用引用误差来表示仪表的准确度。引用误差实际上是测量上限的相对误差。国家标准规定用最大引用误差来表示仪表的准确度等级，即在正常工作条件下，仪表进行测量时纯由基本误差构成的最大绝对误差 Δ_m 与仪表量程 A_m 之比。

目前，我国直读式电工测量仪表共分七级：0.1、0.2、0.5、1.0、1.5、2.5、5.0。前三级常用于精密测量或作其他仪表的校正，后四级用于一般工程测量。准确度等级用 K 表示，如果某仪表的等级为 K 级，则说明该仪表的最大引用误差不超过 $K\%$，但不能认为它在刻度上的示值误差都具有 $K\%$ 的准确度，其表达式为：

$$\pm K\% = \frac{\Delta_m}{A_m} \times 100\% \tag{1-3-5}$$

在使用仪表测量时，应选择使指针尽可能接近于满刻度值的量程，一般最好能工作在不小于满刻度值$\frac{2}{3}$以上的区域。

例：用准确度为0.5级和上限量程为10A的电流表测量4A电流时，求其最大可能出现的相对误差。

解：由式(1-3-1)，该电流表最大绝对误差的绝对值为：

$$|\Delta_m| = \left|\frac{K \times A_m}{100}\right| = \left|\frac{0.5 \times 10}{100}\right| = 0.05\text{A}$$

测4A电流时，可能出现的最大相对误差为：

$$r = \frac{\Delta_m}{A_m} \times 100\% = \frac{0.05}{4} \times 100\% = 1.25\%$$

由此可见，在一般情况下，测量结果的准确程度（其最大相对误差）并不等于仪表的准确度，两者不能混淆。因此，选用仪表时，不仅要考虑仪表的准确度，还要根据被测量的大小，选择合适的仪表量程，才能保证测量结果的准确性。

例：用0.2级和上限量程为100A的电流表测4A电流时，求其最大相对误差。

解：由式(1-3-1)得出该表的最大绝对误差的绝对值为：

$$|\Delta_m| = \left|\frac{K \times A_m}{100}\right| = \left|\frac{0.2 \times 100}{100}\right| = 0.2\text{A}$$

测4A时，可能出现的最大相对误差为：

$$r = \frac{\Delta_m}{A_m} \times 100\% = \frac{0.2}{4} \times 100\% = 5\%$$

可见，仪表的准确度虽然提高了，但测量的最大相对误差反而增大了，所以只片面追求仪表的准确度等级，而忽略对仪表量程的合理选择，就无法保证测量结果的准确性。因此，选择仪表时应使被测量数值处在仪表量程的$\frac{2}{3}$以上区域。

二、测量误差的来源及分类

根据误差的性质不同，测量误差一般分为系统误差、随机（偶然）误差和疏忽（粗大）误差。

（一）系统误差

在相同条件下，多次测量同一量值时，误差的绝对值和符号保持不变，或条件改变时，按一定规律变化的误差称为“系统误差”。

产生系统误差的原因包括：测量用仪器仪表在设计和制作上的缺陷，如刻度的偏差、仪表的零位偏移、刻度盘或指针安装偏心等；测量时的实际温度、湿度及电源电压等环境条件与仪器仪表要求的工作条件不一致；采用近似的测量方法或近似的计算公式等；测量人员读数时，习惯偏于某一方向或有滞后倾向等原因引起的误差。

系统误差有三个基本特点：系统误差为非随机变量，即系统误差的出现不服从统计规律，而是满足某种确定的函数关系；系统误差具有重现性，即若测量条件不变，则重复测量时，系统误差可以重现；系统误差具有可修正性，由于系统误差可以重现，因此可加以修正。

(二)随机误差

在相同条件下，多次测量同一被测量时，误差的大小和方向均发生变化，且无确定的变化规律，这种误差称为“偶然误差”，或“随机误差”。随机误差对个体而言是不确定的，但就其总体来说(即大量测量结果的总和)，用统计学观点看，随机误差的分布接近正态分布，只有少数服从均匀分布或其他分布。

产生随机误差的主要原因包括：测量仪器中零部件配合不稳定或有摩擦、仪器内部器件产生噪声等；温度及电源电压的频繁波动、电磁场干扰、地基震动等；测量人员感觉器官的无规则变化、读数不稳定等原因所引起的误差均可造成随机误差，使测量值产生上下起伏的变化。

随机误差有四个基本特性：

有界性——在一定的测量条件下，随机误差的绝对值不会超过一定的界限；

单峰性——绝对值小的误差出现的概率大，而绝对值大的误差出现的概率小；

对称性——绝对值相等的正误差和负误差出现的概率相同；

抵偿性——将全部的误差相加，可相互抵消。

根据随机误差的抵偿性，在实际测量中可采用多次测量后取算术平均值的方法消除随机误差。一般情况下，随机误差数值较小，工程测量中可以不用考虑。

(三)疏忽误差

在一定的测量条件下，测量值明显地偏离实际值所形成的误差称为“疏忽误差”，或“粗大误差”，简称“粗差”。含有疏忽误差的实验数据是不可靠的，应予舍弃。

产生疏忽误差的主要原因包括：测量方法不当或错误。例如，用普通万用表电压挡直接测量高内阻电源的开路电压；用普通万用表交流电压挡测量高频交流信号的幅值等。测量操作疏忽和失误。例如，未按规程操作，读错读数或单位，记录及计算错误等。测量条件的突然变化。例如，电源电压突然增高或降低、雷电干扰、机械冲击等引起测量仪器示值的剧烈变化等。这类变化虽然也带有随机性，但由于它造成的示值明显偏离实际值，因此将其列入疏忽误差范围。

三、减小测量误差的方法

(一)系统误差

系统误差的特点是在测量条件一定时，误差为一确定数值。虽然产生系统误差的原因是多方面的，但总是有规律的。对产生误差的根源采取一定的技术措施，以减小系统误差的影响。常用于减小系统误差的方法主要包括对仪器仪表示值进行修正、采取特殊的测量方法、采用补偿法减小误差等。

1. 对仪器仪表示值进行修正。利用修正值法可尽量减小和修正因为仪器自身原因所导致的系统误差。修正值是校正状态下的被测量相对真值(A_0')与被校正仪表实际读数(A_x')之差，是由计量部门对被校正仪器检查之后确定对测量结果应予以修正的数值(c)：

$$c = A_0' - A_x' = -\Delta' \tag{1-3-6}$$

修正值通常以量值、修正值表格或修正曲线形式给出，若在测量之前能预先对所用仪表的各个刻度求出校正值，测量时就可以依据实际测量环境中被校正仪表的读数(A_x')和对应的修正值(c)求得被测量的真值：

$$A_0' = A_x' + c \tag{1-3-7}$$

仪器的修正值具有时间性限制，使用的修正值应在仪器的检定有效期内，否则无法保证量值传递的准确性。对于自动化程度较高的测量仪器，可以将修正值预先储存在仪器中，测量时由仪器自动进行修正。

2.采用特殊的测量方法。在条件允许的前提下，可采用特殊的测量方法减小方法误差，常见的包括零位测量法、替代法、交换法等。

零位测量法：设法使被测量与可调节的已知标准量进行比较，并使两种量在比较过程结束时相等，仪器仪表的指零处于零位，则被测量值等于已知标准量的值。零位法的测量误差主要来自标准量具的误差，但标准量具的误差较小。

替代法：在相同的测量条件下，用可调的标准量具替代被测量接入测量装置。调整标准量具，使测量仪表的示值与被测量接入时相同，则此时标准量具的数值即等于被测量。使用替代法时，被测量的结果与仪器本身误差不再受测量仪表的影响，主要取决于标准量具的准确度。一般情况下，标准量具的误差很小，因而可以减小或消除系统误差。

交换法：在条件允许的情况下，若已知某个导致系统误差的因素对测量仪器的影响，可对一个量重复测量两次，在前后两次测量过程中，设法使导致误差的因素对测量结果的影响恰恰相反，然后取两次测量的平均值作为测量值。例如，为了消除地磁场对电动系仪表的影响，可以在一次测量之后，将仪表调转 180°重新再测一次，前后两次地磁场对仪表的影响相反，取其前后两次测量的平均值作为测量值；电动系电压表、电流表或功率表使用于直流电路时，为消除测量机构屏蔽层剩磁影响，提高测量精度，可通过负载端钮接线互换方式测量两次，取两次读数的平均值作为测量值。

3.采用补偿法。采用补偿法时，需要针对被补偿元件或测量电路的特征及受到误差因素影响后的参数变化规律设计相应的补偿形式与参数。例如，无补偿时，磁电系表头可动线圈的阻抗值随温度的上升而上升，可设计锰铜电阻与负温度系数(NTC)元件并联形式的补偿电路与表头可动线圈串联，选择适当的锰铜电阻和 NTC 元件参数值后，可使整体电阻值几乎不受温度变化的影响。

(二)随机误差

随机误差的特点是在多次测量中，误差绝对值的波动有一定的界限，正负误差出现的机会相同，如图 1-3-1 所示，A_0 假设为实际值。

根据统计学的知识可知，当测量次数足够多时，随机误差的算术平均值趋近于零。因此，可以通过取多次测量值的平均值的办法来消除随机误差。

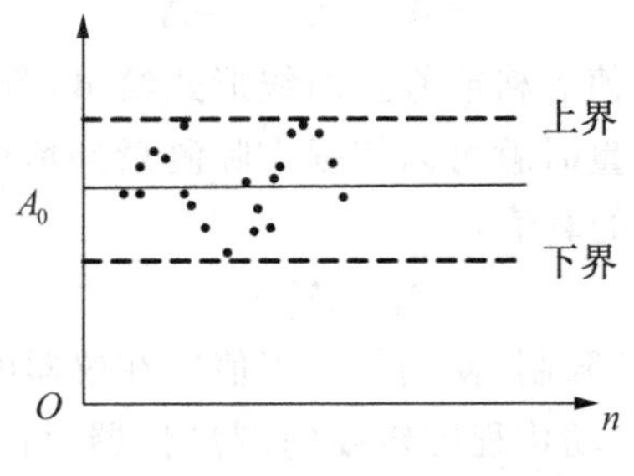

图 1-3-1　随机误差分布图

(三)疏忽误差

要减小疏忽误差,首先要强化操作人员的工作责任心和测试技能,其次要尽量采取措施,避免测试环境或测试条件的剧烈波动。正确认真地测量并读取每一个测量数据,如有差错,及时剔除并尽量对其进行补测。补测点的分布应根据被测量的变化情况确定,若被测量变化较快,则补测点可分布相对密集些。

综上所述,在三种误差同时存在的情况下,对于含有疏忽误差的测量值,一经确认,应当首先予以剔除并尽量对其进行补测;对于随机误差,采用统计学求平均值的方法来削弱它的影响;系统误差较难发现,须在测量之前采取一定的技术措施来减少它的影响,如对仪表进行校正、配置适当的仪器仪表、选择合理的测量方法等。

四、测量数据的处理

测量数据的处理,就是从测量得到的原始数据中进行计算、分析、整理和归纳,去粗取精,去伪存真,求出被测量的最佳估计值,并计算其精确程度,以引出正确的科学结论。测量结果通常用数字、表格、图形和经验公式表示。用数字方式表示的测量结果,可以是一个数据,也可以是一组数据。用图形方式表示的测量结果,可以是将测量数据处理后绘制的图形,也可以是显示在屏幕上的图形,它具有形象、直观的特点,如放大器的幅频特性曲线等。

(一)有效数字表示法

由于在测量中不可避免地存在误差,并且仪器仪表的分辨能力有一定的限制,测量数据就不可能完全准确。测量数据进行计算时,遇到如 π、e、$\sqrt{2}$等无理数时,也只能取近似值。因此,我们得到的数据通常只是一个近似数。当我们用这个数表示一个量时,为了表示得确切,通常规定误差不得超过末位单位数字的一半。如末位数字是个位,则包含的误差绝对值应不大于 0.5。对于这种误差不大于末位单位数字一半的数,从它左边第一个不为零的数字起,直到右面最后一个数字止,都叫作“有效数字”。

关于有效数字的几个问题:

第一,在第一位非零数字左边的 0 不是有效数字,而在非零数字中间的 0 和右边的 0 是有效数字,例如,0.0516kΩ 的左边两个 0 不是有效数字,而 9.06V 和 2.30mA 中的 0 都是有效数字。

第二,有效数字与测量误差的关系:一般规定误差不能超过有效数字末位单位数字的一半。因此,有效数字的末位数字为 0 时,不能随意删除。如 2.30mA 表明误差不超过 ±0.005mA,若随意改写为 2.3mA,则意味着测量误差不超过±0.05mA。

第三,若用 10 的方幂来表示数据,则 10 的方幂前面的数字都是有效数字,如 10.50×10^3 Hz,它的有效数字是 4 位。

第四,有效数字不能因选用的单位变化而改变,如 9.06V,它的有效数字为 3 位,若改用 mV 为单位,则 9.06V 变为 9060mV,有效数字就变成了 4 位,所以当单位改变后应写为 9.06×10^3 mV,这样它的有效数字仍是 3 位。

1.数字的舍入规则。当需要 n 位有效数字时,对超过 n 位的数字就要根据舍入规则进行处理。古典的四舍五入法则是不完善的,现多不使用。目前广泛采用的"舍入规则"(当保留 n 位有效数字时),具体如下:

(1)若后面的数字小于第 n 位单位数字的 0.5,就舍掉。

(2)若后面的数字大于第 n 位单位数字的 0.5,则第 n 位数字进 1。

(3)若后面的数字恰为第 n 位单位数字的 0.5,若第 n 位数字为偶数,则舍掉后面的数字;若第 n 位数字为奇数,则第 n 位数字加 1。

概括起来是"小于 5 舍,大于 5 入,等于 5 时取偶数"。

例:将下列数字保留 3 位有效数字:45.77,36.251,43.035,38050,47.15。

解:45.77——45.8(0.07>0.05,进 1)

36.251——36.3(0.051>0.05,进 1)

43.035——43.0(0.035<0.05,舍掉)

38050——380×10^2(第 4 位是 5,第 3 位为零,舍掉)

47.15——47.2(第 4 位是 5,第 3 位是奇数,进 1)

2.有效数字的运算。

(1)加、减运算。先找到小数点后有效数字位数最少的数据,然后将其他各数据小数点后有效数字位数处理成与其相同后再进行计算。要尽量避免两个相近数的相减,以免对计算结果产生很大的影响,非减不可时,应多取几位有效数字。

(2)乘、除运算。先找到有效数字位数最少的数据,然后将其他数据的有效数字位数处理成与其相同或多一位后再进行计算,运算结果的有效数字位数也应处理成与有效数字位数最少的数据相同。

(3)乘方与开方运算。运算结果应比原数据多保留一位有效数字。

(4)对数运算。取对数前后的有效数字位数应相等。

3.测量结果表示法。对于一个测量结果应该如何表示,目前国内外尚无统一的规定。总的说来,只要表示的测量结果能正确反映被测量的真实大小和它的可信程度,同时数据表达不过于冗长就可以了。

对于测量的误差值,一般只需取 1~2 位数字,过多的位数没有什么太大意义。因此,在用一个数值表示测量结果时,常在有效数字后多给出 1~2 位数字,这样表示的测量结果数值称为"有效安全数字"。下面介绍这种用一个数值表示测量结果的具体做法:

(1)由误差或不确定度的大小定出测量值有效数字最低位的位置。

(2)从有效数字最低位向右多取 1~2 位安全数字。

(3)根据舍入规则处理其余数字。

如某电阻的电阻值为(40.67±0.41)Ω,因为不确定度为±0.41Ω,不大于阻值个位单位数字的一半,所以有效数字最低位是个位。这样,该电阻取1位安全数字时为40.7Ω,取2位安全数字时为40.67Ω。

(二)表格法

表格法就是将一组测量数据中的自变量、因变量的各个数值按一定的形式和顺序一一对应起来。一个完整的表格应包括表的序号、名称、项目(应用单位)、说明及数据。这种方法的优点是同一表格内可以同时表示几个变量的关系,数据便于比较,形式紧凑,而且简单易行。

测量获得的实验数据,首先都是以表格的形式记录下来的,若测量结果是线性关系,则从表格中就能看出被测量的变化规律来。不过,通常都需要把测量数据用一条连续光滑曲线表示出来,这样,被测量的变化规律更直观明了。工程上经常采用这种方法,不仅简易方便,规律性强,明了清楚,而且还能为深入地进行分析、计算及进一步处理数据或用图示法展示实验结果打下基础。

采用表格法时要注意:列项要全面合理、数据充足,以便于进行观察比较、分析计算、作图等;列项要清楚准确地标明被测量的名称、数值、单位、前提条件、状态和需观察的现象等;对于能够事先计算的数据,应先计算出理论值,以便测量过程中进行对照比较。

(三)图示法

图示法可以更直观地表示出各量之间的关系、函数的变化规律,如递增或递减、大小变化等,便于各量之间的比较和被测量的变化规律的观察。图示法常用的是直角坐标法,一般用横坐标表示自变量,纵坐标表示对应的变量,即函数。将各实验数据描绘成曲线时,应尽可能地使曲线通过数据点,但又不能画成折线,所以对不合理的数据点应正确取舍,最后连接成一条平滑的曲线。

采用图示法时要注意:

1.横坐标尺寸比例要根据被测量数量级的大小、曲线形状等合理选择,并应注明被测量的名称及单位。曲线图幅度大小要适当,一般以能完整包含数据的最大、最小值为限,最好选用坐标纸。

2.应正确分度坐标横、纵轴,分度间隔值一般应选用1、2、5或10的倍数,而且根据情况,横、纵坐标的分度可以不同,但要使曲线能正确反映函数关系并在坐标上大小适宜。如果实验数据特别大或特别小,可以在数值中提出乘积因子,如提出10^5或10^{-2},将这些乘积因子放在坐标轴端点附近。

3.在连点描迹时,为防止数据点不醒目而被曲线遮盖,或防止在同一坐标图中有不同的几条曲线的数据点混淆,各种数据点可分别采用“+”“×”“△”“□”等符号标出。

4.为了使曲线更接近实际,能正确完整地反映量值特点,要正确选择测试点。尤其是极值点、特征点和拐点周围,应多选些测试点,线性变化的区段则可少选些测试点。

5.若干彼此相关的量,如果特性曲线有共同的横坐标和纵坐标,应尽量画在同一图上,以便更好地看出它们之间的相互关系。

适当选择纵坐标和横坐标的比例关系以及比例尺,得到平面坐标系,并把实验数据用点标在坐标系中，然后用平滑法或分组平均法以尽可能小的误差画出连续光滑的曲线。

(1)平滑法是将坐标系中各点依次用虚线连接，然后在这些连线的中间作一条连续光滑的曲线，尽量使曲线两边的虚线与曲线所围成的面积相等，如图 1-3-2 所示。当测量要求不高或测量点离散程度不大时，可用曲线板作出一条光滑的、基本上对称通过所有测量点的曲线。

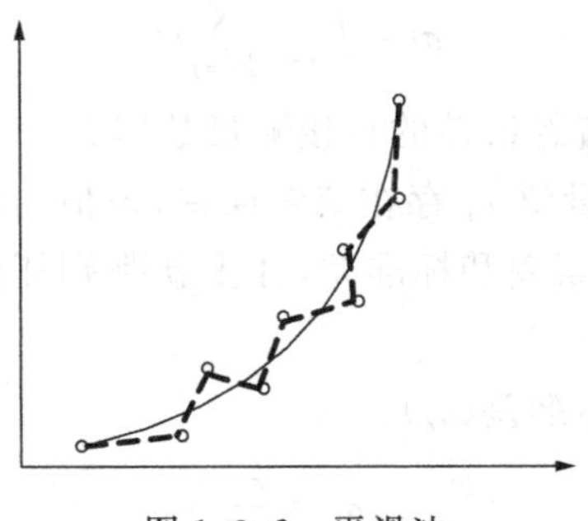

图 1-3-2 平滑法

(2)分组平均法是将坐标系中各点按相邻分组，偏离曲线较多者三点一组构成三角形并找出其重心，偏离曲线较少者也可两点一组，找出其连线的中点，然后连接重心或中点成一条光滑连续的曲线，如图 1-3-3 所示。当测量点离散程度较大时，采用分组平均法可在一定程度上减少随机误差的影响。

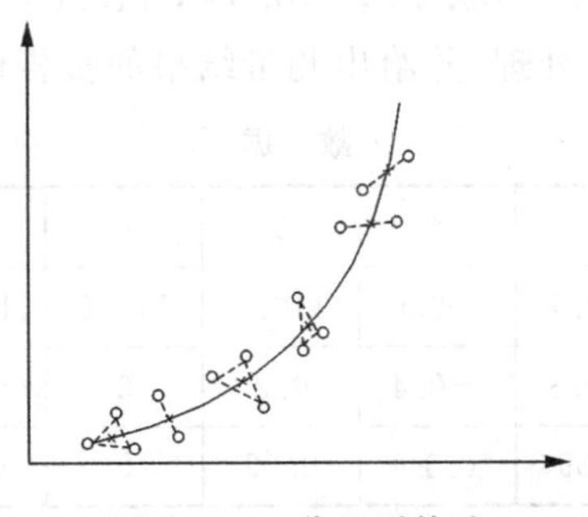

图 1-3-3 分组平均法

(四)函数法

将实验数据用函数式表示，称为实验数据的“函数表示法”，常用的方法包括最小二乘法和一元线性回归法。观察作图法所得到的曲线的变化规律，判断其最接近哪种常见函数的变化规律，以确定函数的类型，得到函数的一般表达式，再由实验数据确定函数式中的常系数和常数。

在数据测量中可能同时存在系统误差、随机误差和疏忽误差，采取适当的数据处理方法可获得被测量的最佳估计值，并计算其准确度。下面以等精度测量数据的处理为例，介绍测量数据的处理方法。

测量过程中，若测量条件所涉及的各因素均保持不变，对同一被测量所做的次数相同的测量称为“等精度测量”。利用修正法可对测量值进行修正，将已经减弱系统误差影响的各数据($x_1,x_2,\cdots,x_n$)依次列成表格，则等精度测量数据的处理步骤如下：

1. 求出 n 个测量值的算术平均值($\overline{x}$)及测量值(x_i)的剩余误差(v_i)。

$$\overline{x}=\frac{1}{n}(x_1+x_2+\cdots+x_n) \tag{1-3-8}$$

$$v_i=x_i-\overline{x} \quad (i=1,2,\cdots,n) \tag{1-3-9}$$

2. 利用贝塞尔公式计算测量值的标准差(σ)。

$$\sigma=\sqrt{\frac{1}{n-1}\sum_{i=1}^{n}v_i^2} \tag{1-3-10}$$

3. 利用莱特准则判定含疏忽误差的直接测量数据。

若 $|v_i|>3\sigma$,则第 i 次测量值 x_i 存在疏忽误差,该值为坏值,应予以剔除。重新求取剩余数据的算术平均值、剩余误差和标准差,并重新判别坏值。循环执行,直至剔除直接测量数据中的所有坏值。

4. 计算出算术平均值的标准差(σ_r)。

$$\sigma_r=\frac{\sigma}{\sqrt{n}} \tag{1-3-11}$$

测量结果的不确定度为 $3\sigma_r$。

5. 给出测量结果。

$$x=\overline{x}\pm 3\sigma_r \tag{1-3-12}$$

例:对某电压进行 10 次等精度测量,利用修正值对测量值进行修正后,具体数值如下:110.4V,109.8V,109.7V,109.6V,110.3V,110.0V,109.9V,110.2V,109.9V,110.1V,要求对测量数据进行处理,并给出测量结果的报告值。

表 1-3-1 数 据

n	1	2	3	4	5	6	7	8	9	10
U_{x_i}(V)	110.4	109.8	109.7	109.6	110.3	110.0	109.9	110.2	109.9	110.1
v_i(V)	0.4	−0.2	−0.3	−0.4	0.3	0	−0.1	0.2	−0.1	0.1
v_i^2(V)	0.16	0.04	0.09	0.16	0.09	0	0.01	0.04	0.01	0.01

解:由测量值 U_{x_i} 求算术平均值 $\overline{U}_x$、剩余误差 v_i 和 v_i^2,计算结果如下:

$$\overline{U}_x=110.0\text{V}$$

计算测量值的标准差:

$$\sigma=\sqrt{\frac{1}{n-1}(v_1^2+v_2^2+\cdots+v_{10}^2)}=0.26$$

利用 3σ 准则判断是否存在疏忽误差:

$$3\sigma=3\times 0.26=0.78$$

求算术平均值的标准偏差和不确定度(测量次数 $n=10$):

$$\sigma_{\overline{x}}=\frac{\sigma}{\sqrt{n}}=\frac{0.26}{\sqrt{10}}=0.08$$

测量结果的报告值为:

$$U_x=\overline{U}_x\pm 3\sigma_{\overline{x}}=110.0\pm 0.2(\text{V})$$

第二章 基本电路实验

实验一 线性与非线性元件伏安特性的测绘

一、实验目的

1. 掌握线性电阻、非线性电阻元件伏安特性的逐点测试法。
2. 学习恒压源、直流电压表、直流电流表的使用方法。

二、原理说明

任一二端电阻元件的特性可用该元件上的端电压 u 与通过该元件的电流 i 之间的函数关系 $u=f(i)$ 来表示，即用 u—i 平面上的一条曲线来表征，这条曲线称为该电阻元件的“伏安特性曲线”。根据伏安特性的不同，电阻元件分为两大类：线性电阻和非线性电阻。线性电阻元件的伏安特性曲线是一条通过坐标原点的直线，如图 2-1-1(a)所示，该直线的斜率只由电阻元件的电阻值 R 决定，其阻值为常数，与元件两端的电压 u 和通过该元件的电流 i 无关。非线性电阻元件的伏安特性曲线是一条经过坐标原点的曲线，其阻值 R 不是常数，即在不同的电压作用下，电阻值是不同的。常见的非线性电阻如白炽灯丝、普通二极管、稳压二极管等，它们的伏安特性曲线如图 2-1-1(b)(c)(d)所示。在图 2-1-1 中，$u>0$ 的部分为正向特性，$u<0$ 的部分为反向特性。

绘制伏安特性曲线通常采用逐点测试法，即在不同的端电压作用下，测量出相应的电流，然后逐点绘制出伏安特性曲线，最后根据伏安特性曲线便可计算其电阻值。

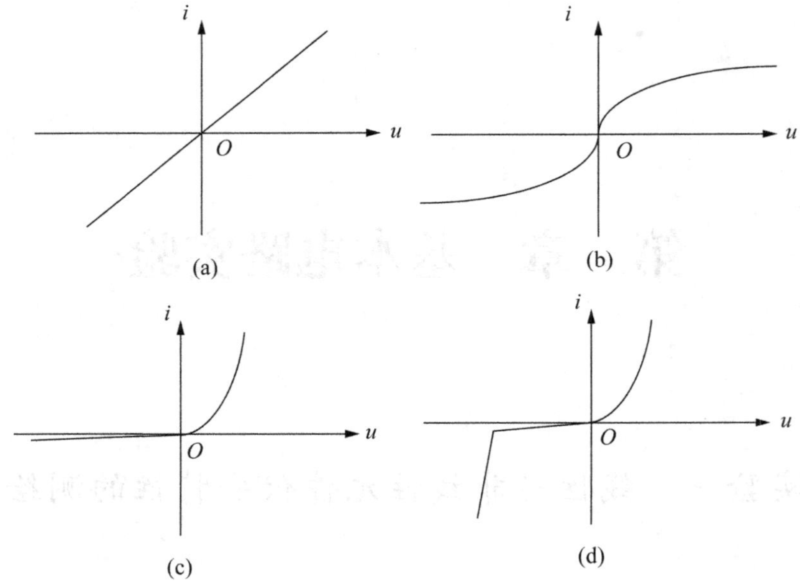

图 2-1-1

三、实验设备

1. 直流电压表、直流电流表。
2. 电压源(双路 0～30V 可调)。
3. 电工综合实验台。

四、实验内容

1. 测定线性电阻的伏安特性。

按图 2-1-2 接线,电源选用输出电压可调的恒压源,通过直流数字毫安表与 1kΩ 线性电阻相连,电阻两端的电压用直流数字电压表测量。

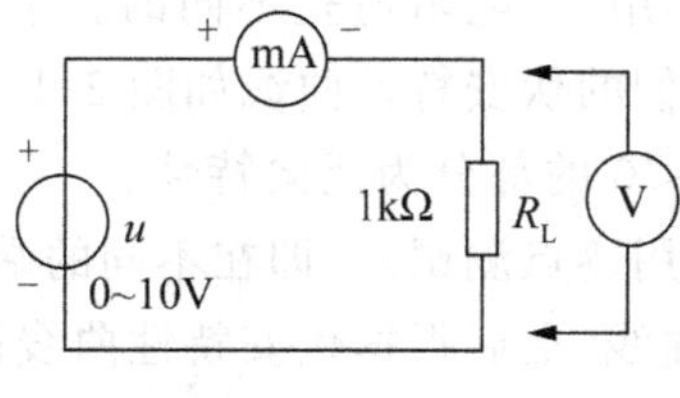

图 2-1-2

调节恒压源的输出电压 u,从 0V 开始缓慢地增加(不能超过 10V),在表 2-1-1 中记录下相应的电压表和电流表的读数。

表 2-1-1　　线性电阻伏安特性数据

U(V)	0	2	4	6	8	10
I(mA)						

2. 测定 6.3V 白炽灯泡的伏安特性。

将图 2-1-2 中的 1kΩ 线性电阻换成一只 6.3V 的灯泡，重复实验内容 1 的步骤，电压不能超过6.3V，在表 2-1-2 中记下相应的电压表和电流表的读数。

表 2-1-2　　6.3V 灯泡伏安特性数据

U(V)	0	1	2	3	4	5	6.3
I(mA)							

3. 测定半导体二极管的伏安特性。

按图 2-1-3 接线，R 为限流电阻，取 200Ω（十进制可变电阻箱），二极管的型号为 1N4007。测二极管的正向特性时，其正向电流不得超过 25mA，二极管 VD 的正向压降可在 0～0.75V 取值。特别是在 0.5～0.75V，更应多取几个测量点。测反向特性时，将可调稳压电源的输出端正、负连线互换，调节可调稳压输出电压 U，从 0V 开始缓慢地减少（不能超过－30V），将数据分别记入表 2-1-3 和表 2-1-4 中。

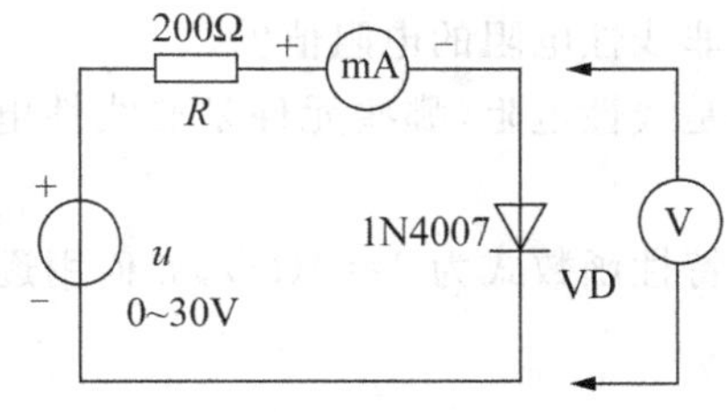

图 2-1-3

表 2-1-3　　二极管正向特性实验数据

U(V)	0	0.2	0.4	0.45	0.5	0.55	0.60	0.65	0.70	0.75
I(mA)										

表 2-1-4　　二极管反向特性实验数据

U(V)	0	－5	－10	－15	－20	－25	－30
I(mA)							

4. 测定稳压管的伏安特性。

将图 2-1-3 中的二极管 1N4007 换成稳压管 2CW51，重复实验内容 3 的测量，其正、反向电流不得超过±20mA，将数据分别记入表 2-1-5 和表 2-1-6 中。

表 2-1-5 稳压管正向特性实验数据

U(V)	0	0.2	0.4	0.45	0.5	0.55	0.60	0.65	0.70	0.75
I(mA)										

表 2-1-6 稳压管反向特性实验数据

U(V)	0	−1	−1.5	−2	−2.5	−2.8	−3	−3.2	−3.5	−3.55
I(mA)										

五、注意事项

1. 测量时，可调稳压电源的输出电压由 0V 缓慢逐渐增加，应时刻注意电压表和电流表读数，不能超过规定值。

2. 稳压电源输出端切勿碰线短路。

3. 测量中，随时注意电流表读数，及时更换电流表量程，勿使仪表超量程工作。

六、思考题

1. 线性电阻与非线性电阻的伏安特性有何区别？它们的电阻值与通过的电流有无关系？

2. 如何计算线性电阻与非线性电阻的电阻值？

3. 请举例说明哪些元件是线性电阻，哪些元件是非线性电阻。它们的伏安特性曲线是什么形状？

4. 设某电阻元件的伏安特性函数式为 $I=f(U)$，如何用逐点测试法绘制出伏安特性曲线？

七、实验报告要求

1. 根据实验数据，分别在方格纸上绘制出各个电阻的伏安特性曲线。

2. 根据伏安特性曲线，计算线性电阻的电阻值，并与实际电阻值比较。

3. 根据伏安特性曲线，计算白炽灯在额定电压时的电阻值。当电压降低 20% 时，阻值又为多少？

4. 回答思考题。

实验二 电位、电压的测定及电路电位图的绘制

一、实验目的

1. 学会测量电路中各点电位和电压的方法，理解电位的相对性和电压的绝对性。
2. 学会电路电位图的测量、绘制方法。
3. 掌握直流稳压电源、直流电压表的使用方法。

二、原理说明

在一个确定的闭合电路中，各点电位的大小视所选的电位参考点的不同而异，但任意两点之间的电压（即两点之间的电位差）则是不变的，这一性质称为“电位的相对性”和“电压的绝对性”。据此性质，我们可用一只电压表测量出电路中各点的电位及任意两点间的电压。

若以电路中的电位值为纵坐标，电路中各点位置（电阻或电源）为横坐标，将测量到的各点电位在该坐标平面中标出，并把标出点按顺序用直线连接，就可得到电路的电位图，每一段直线段即表示该两点电位的变化情况。而且，任意两点的电位变化，即为该两点之间的电压。

在电路中，电位参考点可任意选定，对于不同的参考点，所绘出的电位图形是不同，但其各点电位变化的规律却是一样的。

三、实验设备

1. 直流电压表、直流电流表。
2. 恒压源（双路 0～30V 可调）。
3. 电工综合实验台。

四、实验内容

实验电路如图 2-2-1 所示，图中的电源 U_{S_1}、U_{S_2} 可用双路输出的恒压源，并将输出电压分别调到＋6V 和＋12V。

1. 测量电路中各点电位。以图 2-2-1 中的 A 点作为电位参考点，分别测量 B、C、D、E、F 各点的电位。

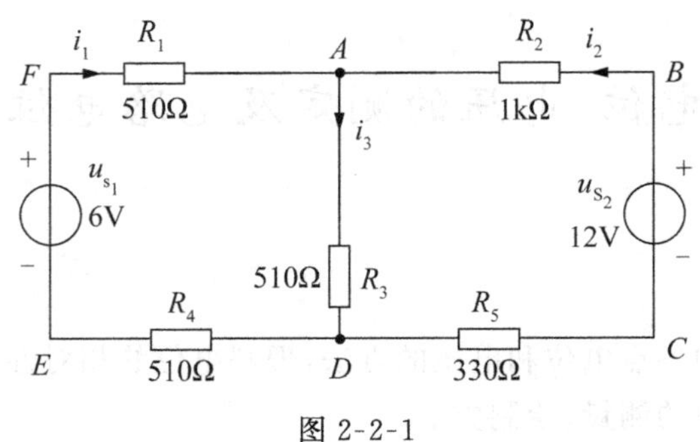

图 2-2-1

将电压表的黑色表笔插入 A 点，红色表笔分别插入 B、C、D、E、F 各点，然后进行测量，并将数据记入表 2-2-1 中。

表 2-2-1　　电路中各点电位和电压数据　　（单位：V）

电位参考点	V_A	V_B	V_C	V_D	V_E	V_F	U_{AB}	U_{BC}	U_{CD}	U_{DE}	U_{EF}	U_{FA}
A	0											
D				0								

以 D 点作为电位参考点，重复上述步骤，测得数据记入表 2-2-1 中。

2. 测量电路中相邻两点之间的电压值。在图 2-2-1 中，测量电压 U_{AB}：将电压表的红色表笔插入 A 点，黑色表笔插入 B 点，读出电压表读数，记入表 2-2-1 中。按同样方法测量 U_{BC}、U_{CD}、U_{DE}、U_{EF} 及 U_{FA}，测量数据也记入表 2-2-1 中。

五、注意事项

1. 实验过程中，应将恒压源输出电压调到 +12V 后，再接入电路中，并防止电源输出端短路。

2. 使用数字直流电压表测量电位时，用黑色表笔插入参考电位点，红色表笔插入被测各点。若显示正值，则表明该点电位为正（即高于参考点电位）；若显示负值，则表明该点电位为负（即该点电位低于参考点电位）。

3. 使用数字直流电压表测量电压时，红色表笔插入被测电压参考方向的正(+)端，黑色表笔插入被测电压参考方向的负(−)端。若显示正值，则表明电压参考方向与实际方向相同；若显示负值，则表明电压参考方向与实际方向相反。

六、思考题

1. 电位参考点不同，各点电位是否相同？任意两点的电压是否相同，为什么？

2. 在测量电位、电压时，为何数据前会出现正负号，它们各有什么意义？

3. 什么是电位图形？不同的电位参考点，电位图形是否相同？如何利用电位图形求出各点时的电位和任意两点之间的电压？

七、实验报告要求

1. 根据实验数据，分别绘制出电位参考点为 A 点和 D 点的两个电位图形。

2. 根据电路参数计算出各点电位和相邻两点之间的电压值。与实验数据相比较，对误差作必要的分析。

3. 回答思考题。

实验三 基尔霍夫定律的验证

一、实验目的

1. 验证基尔霍夫定律,并加深理解。
2. 掌握直流电流表的使用方法,以及学会用电流插头、插座测量各支路电流的方法。
3. 学会检查、分析电路的简单故障。

二、原理说明

基尔霍夫定律:基尔霍夫电流定律和电压定律是电路的基本定律,它们分别描述节点电流和回路电压,即对电路中的任一节点而言,在设定电流的参考方向下,应有 $\sum i=0$。一般流出节点的电流取负号,流入节点的电流取正号。对任何一个闭合回路而言,在设定电压的参考方向下,绕行一周,应有 $\sum u=0$,一般电压方向与绕行方向一致的电压取正号,电压方向与绕行方向相反的电压取负号。

在实验前,必须设定电路中所有电流、电压的参考方向,其中电阻上的电压方向应与电流方向一致,如图 2-3-1 所示。

三、实验设备

1. 直流数字电压表、直流数字电流表。
2. 恒压源(双路 0～30V 可调)。
3. 电工综合实验台。

四、实验内容

实验电路如图 2-3-1 所示,并将输出电压 u_{S_1}、u_{S_2} 调到+6V 和+12V(以直流数字电压表读数为准)。

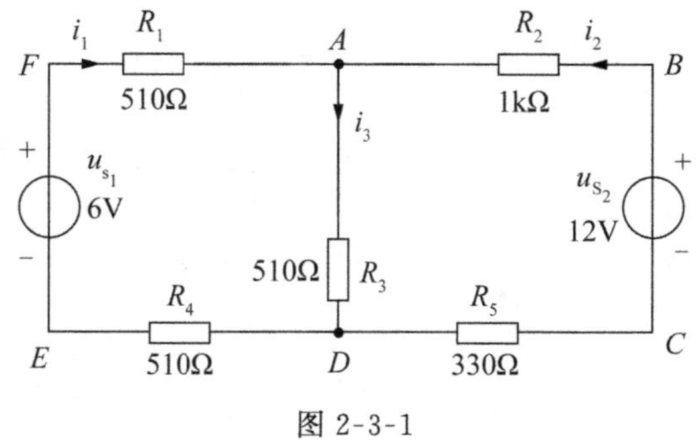

图 2-3-1

实验前先设定三条支路的电流参考方向,如图中的 i_1、i_2、i_3 所示。

1. 熟悉电流插头的结构，将电流插头的红接线端插入数字电流表的红(正)接线端，电流插头的黑接线端插入数字电流表的黑(负)接线端。

2. 测量支路电流。将电流插头分别插入三条支路的三个电流插座中，读出各个电流值。按规定：在节点 A，电流表读数为"+"，表示电流流入节点；读数为"−"，表示电流流出节点。然后根据图 2-3-1 中的电流参考方向，确定各支路电流的正负号，并记入表 2-3-1 中。

表 2-3-1 支路电流数据

支路电流(mA)	I_1	I_2	I_3
计算值(mA)			
测量值(mA)			
相对误差			

3. 测量元件电压。用直流数字电压表分别测量两个电源及电阻元件上的电压值，并将数据记入表 2-3-2 中。测量时电压表的红(正)接线端应插入被测电压参考方向的高电位端，黑(负)接线端插入被测电压参考方向的低电位端。

表 2-3-2 各元件电压数据

各元件电压(V)	U_{S_1}	U_{S_2}	U_{R_1}	U_{R_2}	U_{R_3}	U_{R_4}	U_{R_5}
计算值(V)							
测量值(V)							
相对误差							

五、注意事项

1. 所有需要测量的电压值，均以电压表测量的读数为准，不以电源表盘指示值为准。

2. 防止电源两端碰线短路。

六、思考题

1. 根据图 2-3-1 的电路参数，计算出待测的电流 I_1、I_2、I_3 和各电阻上的电压值，记入表 2-3-2 中，以便实验测量时，可正确地选定毫安表和电压表的量程。

2. 在图 2-3-1 的电路中，A、D 两节点的电流方程是否相同，为什么？

3. 在图 2-3-1 的电路中，可以列几个电压方程？它们与绕行方向有无关系？

七、实验报告要求

1. 回答思考题。

2. 根据实验数据，选定实验电路中的任一节点，验证基尔霍夫电流定律(KCL)的正确性。

3. 根据实验数据，选定实验电路中的任一个闭合回路，验证基尔霍夫电压定律(KVL)的正确性。

4. 列出求解电压 U_{EA} 和 U_{CA} 的电压方程，并根据实验数据求出它们的数值。

5. 写出实验中检查、分析电路故障的方法，总结查找故障的体会。

实验四　线性电路的叠加性和齐次性验证

一、实验目的

1. 验证叠加原理。
2. 了解叠加原理的应用场合。
3. 理解线性电路的叠加性。

二、原理说明

叠加原理指出，在有几个电源共同作用下的线性电路中，通过每一个元件的电流或其两端的电压，可以看成是由每一个电源单独作用时在该元件上所产生的电流或电压的代数和。具体方法是：一个电源单独作用时，其他的电源必须去掉；在求电流或电压的代数和时，电源单独作用时的电流或电压的参考方向与共同作用时的参考方向一致，符号取正，反之取负。在图 2-4-1 中：

$$i_1 = i'_1 - i''_1, i_2 = i'_2 - i''_2, i_3 = i'_3 - i''_3, u = u' + u''$$

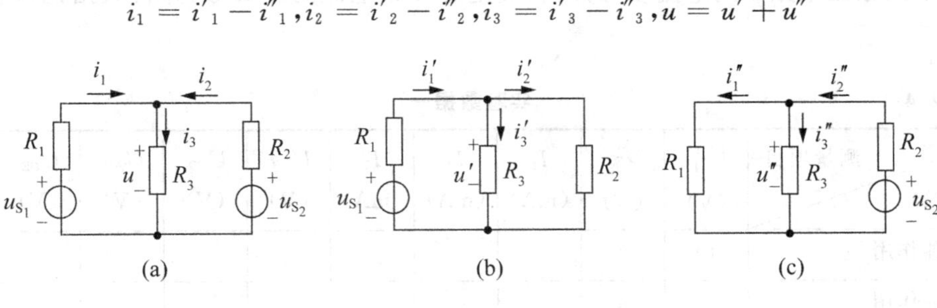

图 2-4-1

叠加原理反映了线性电路的叠加性。线性电路的齐次性是指当激励信号(如电源作用)增加或减小 K 倍时，电路的响应(即在电路其他各电阻元件上所产生的电流和电压值)也将增加或减小 K 倍。叠加性和齐次性都只适用于求解线性电路中的电流、电压。对于非线性电路，叠加性和齐次性都不适用。

三、实验设备

1. 直流数字电压表、直流数字电流表。
2. 恒压源(双路 0～30V 可调)。
3. 电工综合实验台。

四、实验内容

实验电路如图 2-4-2 所示，$R_1 = R_3 = R_4 = 510\Omega$，$R_2 = 1\text{k}\Omega$，$R_5 = 330\Omega$，将恒压源两路输出分别调到＋12V 和＋6V(以直流数字电压表读数为准)。

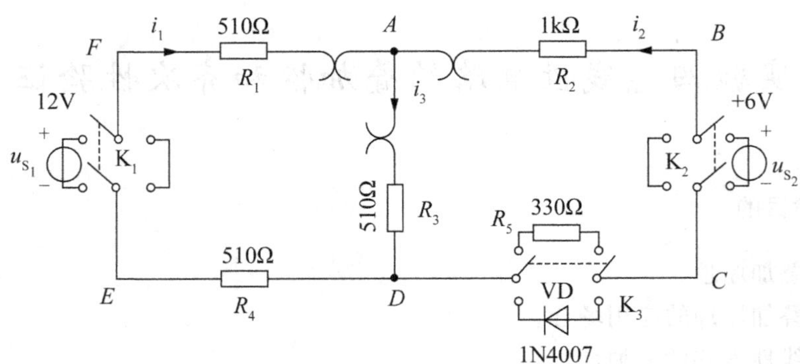

图 2-4-2

1. U_{S_1} 电源单独作用(将开关 K_1 投向 U_{S_1} 侧,开关 K_2 投向短路侧)时,参考图 2-4-1(b)画出电路图,标明各电流、电压的参考方向。

用直流数字电流表接电流插头测量各支路电流:将电流插头的红接线端插入数字电流表的红(正)接线端,电流插头的黑接线端插入数字电流表的黑(负)接线端,测量各支路电流。按规定:在节点 A,电流表读数为"+",表示电流流入节点;读数为"−";表示电流流出节点。然后根据电路中的电流参考方向,确定各支路电流的正负号,并将数据记入表 2-4-1 中。

表 2-4-1　　**实验数据一**

测量项目 实验内容	U_{S_1} (V)	U_{S_2} (V)	I_1 (mA)	I_2 (mA)	I_3 (mA)	U_{AB} (V)	U_{CD} (V)	U_{AD} (V)	U_{DE} (V)	U_{FA} (V)
U_{S_1} 单独作用	12	0								
U_{S_2} 单独作用	0	6								
U_{S_1} 、U_{S_2} 共同作用	12	6								
U_{S_2} 单独作用	0	12								

用直流数字电压表测量各电阻元件两端的电压:电压表的红(正)接线端应插入被测电阻元件电压参考方向的正端,电压表的黑(负)接线端插入电阻元件的另一端(电阻元件电压参考方向与电流参考方向一致),测量各电阻元件两端电压,数据记入表 2-4-1 中。

2. U_{S_2} 电源单独作用(将开关 K_1 投向短路侧,开关 K_2 投向 U_{S_2} 侧)时,画出电路图,标明各电流、电压的参考方向。

重复步骤 1 的测量并将数据记入表 2-4-1 中。

3. U_{S_1} 和 U_{S_2} 共同作用(开关 K_1 和 K_2 分别投向 U_{S_1} 和 U_{S_2} 侧)时,各电流、电压的参考方向如图 2-4-2 所示。

完成上述电流、电压的测量并将数据记入表 2-4-1 中。

4. 将开关 K_3 投向二极管 VD 侧,即电阻 R_5 换成一只二极管 1N4007,重复步骤 1~3 的测量过程,并将数据记入表 2-4-2 中。

表 2-4-2　实验数据二

实验内容 \ 测量项目	U_{S_1} (V)	U_{S_2} (V)	I_1 (mA)	I_2 (mA)	I_3 (mA)	U_{AB} (V)	U_{CD} (V)	U_{AD} (V)	U_{DE} (V)	U_{FA} (V)
U_{S_1} 单独作用	12	0								
U_{S_2} 单独作用	0	6								
U_{S_1}、U_{S_2} 共同作用	12	6								
U_{S_2} 单独作用	0	12								

五、注意事项

1. 用电流插头测量各支路电流时，应注意仪表的极性，以及数据表格中正负号的记录。

2. 注意仪表量程的及时更换。

3. 电压源单独作用时，去掉另一个电源，只能在实验板上用开关 K_1 或 K_2 操作，而不能直接将电压源短路。

六、思考题

1. 叠加原理中，U_{S_1}、U_{S_2} 分别单独作用，在实验中应如何操作？可否将要去掉的电源（U_{S_1} 或 U_{S_2}）直接短接？

2. 实验电路中，若有一个电阻元件改为二极管，叠加性还成立吗，为什么？

七、实验报告要求

1. 根据表 2-4-1 实验数据一，通过求各支路电流和各电阻元件两端电压，验证线性电路的叠加性与齐次性。

2. 各电阻元件所消耗的功率能否用叠加原理计算得出？试用上述实验数据计算、说明。

3. 根据表 2-4-1 实验数据一，当 $U_{S_1}=U_{S_2}=12V$ 时，用叠加原理计算各支路电流和各电阻元件两端电压。

4. 根据表 2-4-2 实验数据二，说明叠加性和齐次性是否适用于该实验电路。

实验五　电压源、电流源及其电源等效变换

一、实验目的

1. 掌握建立电源模型的方法。
2. 掌握电源外特性的测试方法。
3. 加深对电压源和电流源特性的理解。
4. 研究电源模型等效变换的条件。

二、原理说明

1. 电压源和电流源。电压源具有端电压保持恒定不变，而输出电流的大小由负载决定的特性。其外特性，即端电压 u 与输出电流 i 的关系 $u=f(i)$ 是一条平行于 i 轴的直线。实验中使用的恒压源在规定的电流范围内，具有很小的内阻，可以将其视为一个电压源。

电流源具有输出电流保持恒定不变，而端电压的大小由负载决定的特性。其外特性，即输出电流 i 与端电压 u 的关系 $i=f(u)$ 是一条平行于 u 轴的直线。实验中使用的恒流源在规定的电流范围内，具有极大的内阻，可以将其视为一个电流源。

2. 实际电压源和实际电流源。实际上，任何电源内部都存在电阻，通常称为“内阻”。因而，实际电压源可以用一个内阻 R_S 和电压源 u_S 串联表示，其端电压 u 随输出电流 i 增大而降低。在实验中，可以用一个小阻值的电阻与恒压源相串联来模拟一个实际电压源。

实际电流源是用一个内阻 R_S 和电流源 i_S 并联表示，其输出电流 i 随端电压 u 增大而减小。在实验中，可以用一个大阻值的电阻与恒流源相并联来模拟一个实际电流源。

3. 实际电压源和实际电流源的等效互换。一个实际的电源，就其外部特性而言，既可以看成是一个电压源，又可以看成是一个电流源。若视为电压源，则可用一个电压源 u_S 与一个电阻 R_S 相串联表示；若视为电流源，则可用一个电流源 i_S 与一个电阻 R_S 相并联来表示。若它们向同样大小的负载供出同样大小的电流和端电压，则认为这两个电源是等效的，即具有相同的外特性。

实际电压源与实际电流源等效变换的条件为：取实际电压源与实际电流源的内阻均为 R_S；已知实际电压源的参数为 u_S 和 R_S，则实际电流源的参数为 $i_S=\frac{u_S}{R_S}$ 和 R_S，若已知实际电流源的参数为 i_S 和 R_S，则实际电压源的参数为 $u_S=i_SR_S$ 和 R_S。

三、实验设备

1. 直流数字电压表、直流数字电流表。
2. 恒压源(双路 0～30V 可调)。
3. 恒流源(0～200mA 可调)。
4. 电工综合实验台。

四、实验内容

1. 测定电压源(恒压源)与实际电压源的外特性实验电路如图 2-5-1 所示,将恒压源的输出电压调到+6V,R_1 取 200Ω 的固定电阻,R_2 取 470Ω 的电位器。调节电位器 R_2,令其阻值由大至小变化,将电流表、电压表的读数记入表 2-5-1 中。

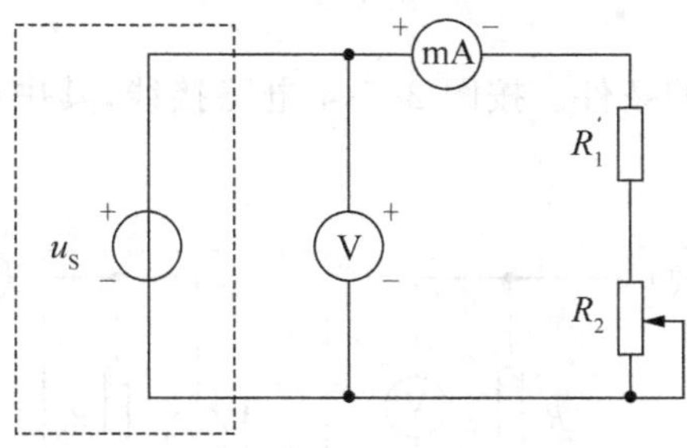

图 2-5-1

表 2-5-1　电压源(恒压源)外特性数据

I(mA)							
U(V)							

在图 2-5-1 电路中,将电压源改成实际电压源,如图 2-5-2 所示,图中内阻 R_S 取 51Ω 的固定电阻,调节电位器 R_2,令其阻值由大至小变化,将电流表、电压表的读数记入表 2-5-2 中。

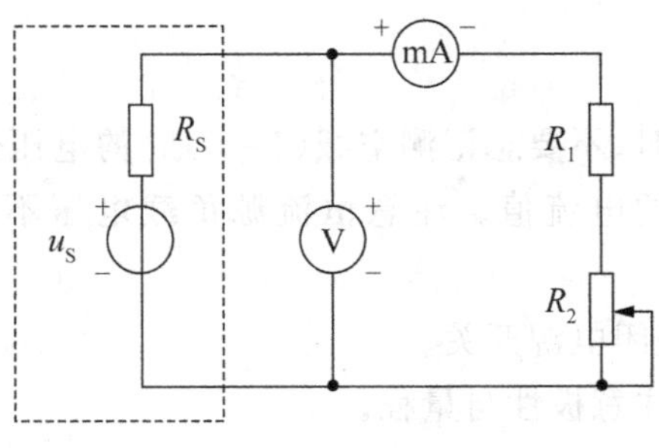

图 2-5-2

表 2-5-2　实际电压源外特性数据

I(mA)							
U(V)							

2. 测定电流源(恒流源)与实际电流源的外特性。按图 2-5-3 接线,I_S 为恒流源,调节其输出为 5mA(用毫安表测量),R_2 取 470Ω 的电位器,在 R_S 分别为 1kΩ 和∞两种情况下,调节电位器 R_2,令其阻值由大至小变化,将电流表、电压表的读数记入自拟的数据表格中。

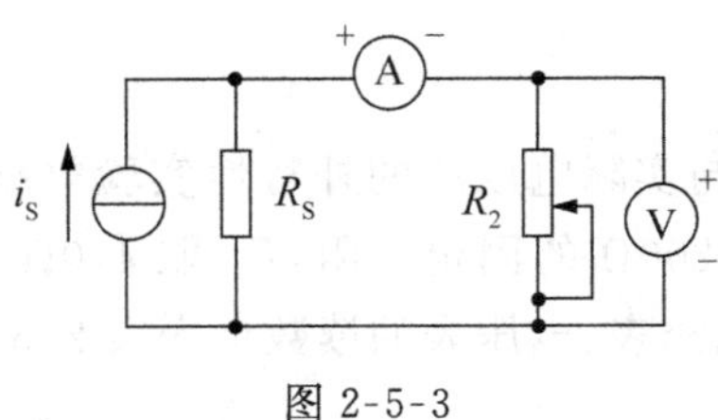

图 2-5-3

3. 研究电源等效变换的条件。按图 2-5-4 电路接线，其中内阻 R_S 均为 51Ω，负载电阻 R 均为 200Ω。

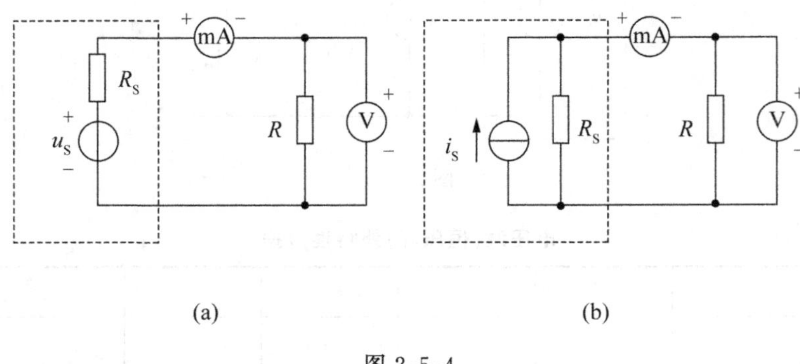

图 2-5-4

在图 2-5-4(a)电路中，将恒压源输出电压调到＋6V，记录电流表、电压表的读数。然后调节图 2-5-4(b)电路中的恒流源 I_S，令两表的读数与图 2-5-4(a)的数值相等，记录 I_S 之值，验证等效变换条件的正确性。

五、注意事项

1. 在测电压源外特性时，不要忘记测空载($I=0$)时的电压值；测电流源外特性时，不要忘记测短路($U=0$)时的电流值。注意恒流源负载电压不可超过 20V，负载更不可开路。

2. 换接线路时，必须关闭电源开关。

3. 直流仪表的接入应注意极性与量程。

六、思考题

1. 电压源的输出端为什么不允许短路？电流源的输出端为什么不允许开路？

2. 说明电压源和电流源的特性，其输出是否在任何负载下都能保持恒值？

3. 实际电压源与实际电流源的外特性为什么呈下降变化趋势，下降的快慢受哪个参数影响？

4. 实际电压源与实际电流源等效变换的条件是什么？所谓“等效”是对谁而言的？电压源与电流源能否等效变换？

七、实验报告要求

1. 根据实验数据绘出电源的四条外特性曲线，并总结、归纳两类电源的特性。
2. 从实验结果验证电源等效变换的条件。
3. 回答思考题。

实验六　戴维南定理和诺顿定理的验证

一、实验目的

1. 验证戴维南定理、诺顿定理的正确性，并加深理解。
2. 掌握测量有源二端网络等效参数的一般方法。

二、实验原理

1. 戴维南定理和诺顿定理。戴维南定理指出，任何一个有源二端网络[见图 2-6-1(a)]，总可以用一个电压源 u_S 和一个电阻 R_S 串联组成的实际电压源来代替[见图 2-6-1(b)]。其中，电压源 u_S 等于这个有源二端网络的开路电压 u_{OC}，内阻 R_S 等于该网络中所有独立电源均置零(电压源短接，电流源开路)后的等效电阻 R_0。

诺顿定理指出，任何一个有源二端网络[见图 2-6-1(a)]，总可以用一个电流源 i_S 和一个电阻 R_S 并联组成的实际电流源来代替[见图 2-6-1(c)]。其中，电流源 i_S 等于这个有源二端网络的短路电流 i_{SC}，内阻 R_S 等于该网络中所有独立电源均置零(电压源短接，电流源开路)后的等效电阻 R_0。

u_S、R_S 和 i_S、R_S 为有源二端网络的等效参数。

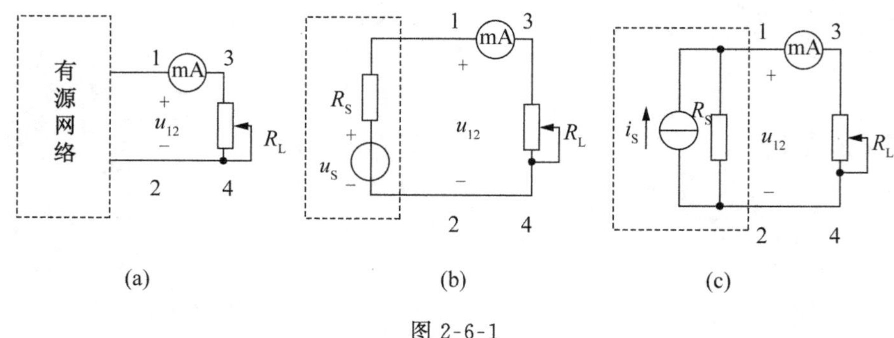

图 2-6-1

2. 有源二端网络等效参数的测量方法。

(1)开路电压、短路电流法。在有源二端网络输出端开路时，用电压表直接测其输出端的开路电压 u_{OC}，然后再将其输出端短路，测其短路电流 i_{SC}，且内阻为：

$$R_S=\frac{u_{OC}}{i_{SC}}$$

若有源二端网络的内阻值很低，则不宜测其短路电流。

(2)伏安法。

一种方法是用电压表、电流表测出有源二端网络的外特性，如图 2-6-2 所示。

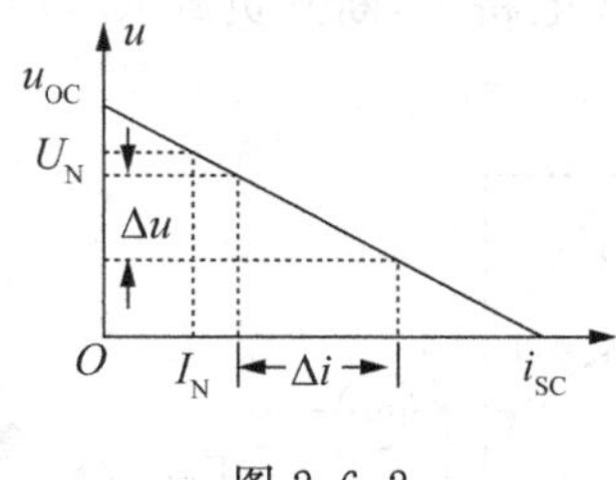

图 2-6-2

开路电压为 u_{OC}，根据外特性曲线求出斜率 $\tan\varphi$，则内阻为：

$$R_S = \tan\varphi = \frac{\Delta u}{\Delta i}$$

另一种方法是测量有源二端网络的开路电压 u_{OC}，以及额定电流 I_N 和对应的输出端额定电压 U_N，如图 2-6-2 所示，则内阻为：

$$R_S = \frac{u_{OC} - U_N}{I_N}$$

(3)半电压法。如图 2-6-3 所示，当负载电压为被测网络开路电压 u_{OC} 的一半时，负载电阻 R_L 的大小(由电阻箱的读数确定)即为被测有源二端网络的等效内阻 R_S 的数值。

(4)零示法。在测量具有高内阻有源二端网络的开路电压时，用电压表进行直接测量会造成较大的误差，为了消除电压表内阻的影响，往往采用零示法，如图 2-6-4 所示。零示法的测量原理是用一低内阻的恒压源与被测有源二端网络进行比较，当恒压源的输出电压与有源二端网络的开路电压相等时，电压表的读数将为“0”，然后将电路断开，测量此时恒压源的输出电压 u，即为被测有源二端网络的开路电压。

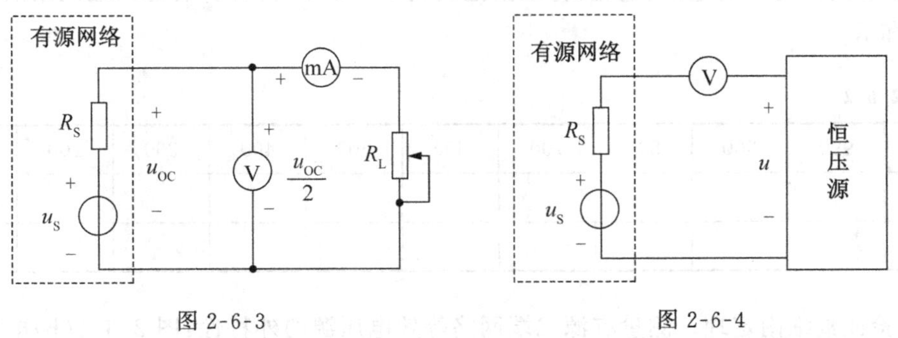

图 2-6-3 图 2-6-4

三、实验设备

1. 直流数字电压表、直流数字电流表。
2. 恒压源(双路 0～30V 可调)。
3. 恒流源(0～200mA 可调)。

四、实验内容

被测有源二端网络如图 2-6-5 所示。

1. 在图 2-6-5 所示线路中，接入恒压源 U_S=12V、恒流源 I_S=20mA 及可变电阻 R_L。

测开路电压U_{OC}：在图 2-6-5 电路中，断开负载R_L，用电压表测量开路电压U_{OC}，将数据记入表 2-6-1 中。

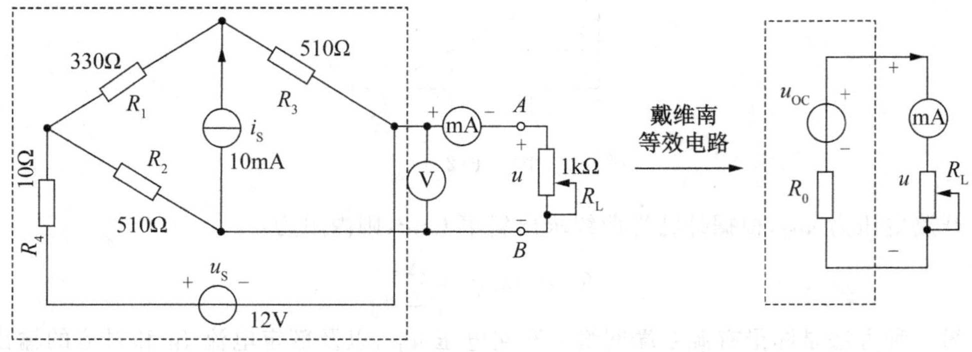

图 2-6-5

测短路电流I_{SC}：在图 2-6-5 电路中，将负载R_L短路，用电流表测量短路电流I_{SC}，将数据也记入表 2-6-1 中。

表 2-6-1

U_{OC}(V)	I_{SC}(mA)	$R_S=U_{OC}/I_{SC}$

2. 负载实验。测量有源二端网络的外特性：在图 2-6-5 电路中，改变负载电阻R_L的阻值，逐点测量对应的电压、电流，将数据记入表 2-6-2 中，并计算有源二端网络的等效参数U_S和R_S。

表 2-6-2

R_L(Ω)	990	900	800	700	600	500	400	300	200	100
U(V)										
I(mA)										

3. 验证戴维南定理。测量有源二端网络等效电压源的外特性：图 2-6-1(b)电路是图 2-6-5 的等效电压源电路，电压源U_S用恒压源的可调稳压输出端，调整到表 2-6-1 中的U_{OC}数值，内阻R_S按表 2-6-1 中计算出来的R_S(取整)选取固定电阻。然后用电阻箱改变负载电阻R_L的阻值，逐点测量对应的电压、电流，将数据记入表 2-6-3 中。

表 2-6-3　　　　**有源二端网络等效电压源的外特性数据**

R_L(Ω)	990	900	800	700	600	500	400	300	200	100
U(V)										
I(mA)										

测量有源二端网络等效电流源的外特性:恒流源调整到表 2-6-1 中的 I_{SC}数值,内阻 R_S 按表 2-6-1 中计算出来的 R_S(取整)选取固定电阻。然后用电阻箱改变负载电阻 R_L的阻值,逐点测量对应的电压、电流,将数据记入表 2-6-4 中。

表 2-6-4　有源二端网络等效电流源的外特性数据

$R_L(\Omega)$	990	900	800	700	600	500	400	300	200	100
U(V)										
I(mA)										

4. 测定有源二端网络等效电阻(入端电阻)的其他方法:将被测有源网络内的所有独立源置零(将电流源 I_S 去掉,也去掉电压源,并在原电压端所接的两点用一根短路导线相连),然后用伏安法或直接用万用表的欧姆挡去测定负载 R_L 开路后 A、B 两点间的电阻,此即为被测网络的等效内阻 R_{eq},或网络的入端电阻 R_1,记录 R_{eq}的值。

5. 用半电压法和零示法测量被测网络的等效内阻 R_0 及其开路电压 U_{OC}。

半电压法:在图 2-6-5 电路中,首先断开负载电阻 R_L,测量有源二端网络的开路电压 U_{OC},然后接入负载电阻 R_L,调节 R_L 直到两端电压等于$\frac{U_{OC}}{2}$为止,此时负载电阻 R_L 的大小即为等效电源的内阻 R_S 的数值。同时,记录 U_{OC}和 R_S 的数值。

零示法测开路电压 U_{OC}:实验电路如图 2-6-4 所示,其中有源二端网络选用原网络,恒压源用 0～30V 可调输出端,调整输出电压 U,观察电压表数值,当其等于零时输出电压 U 的数值即为有源二端网络的开路电压 U_{OC},并记录 U_{OC}的数值。

五、注意事项

1. 测量时,注意电流表量程的更换。
2. 改接线路时,要关掉电源。

六、思考题

1. 如何测量有源二端网络的开路电压和短路电流?在什么情况下不能直接测量开路电压和短路电流?
2. 说明测量有源二端网络开路电压及等效内阻的几种方法,并比较其优缺点。

七、实验报告要求

1. 回答思考题。
2. 根据表 2-6-1 和表 2-6-2 的数据,计算有源二端网络的等效参数 U_S 和 R_S。
3. 根据半电压法和零示法测量的数据,计算有源二端网络的等效参数 U_S 和 R_S。
4. 实验中用各种方法测得的 U_{OC}和 R_S 是否相等?试分析其原因。
5. 根据表 2-6-2、表 2-6-3 和表 2-6-4 的数据,绘出有源二端网络和有源二端网络等效电路的外特性曲线,验证戴维南定理和诺顿定理的正确性。
6. 说明戴维南定理和诺顿定理的应用场合。

实验七　最大功率传输条件的研究

一、实验目的

1. 理解阻抗匹配,掌握最大功率传输的条件。

2. 掌握根据电源外特性设计实际电源模型的方法。

二、原理说明

1. 电源与负载功率的关系。图 2-7-1 可视为由一个电源向负载输送电能的模型,R_0 可视为电源内阻和传输线路电阻的总和,R_L 为可变负载电阻。

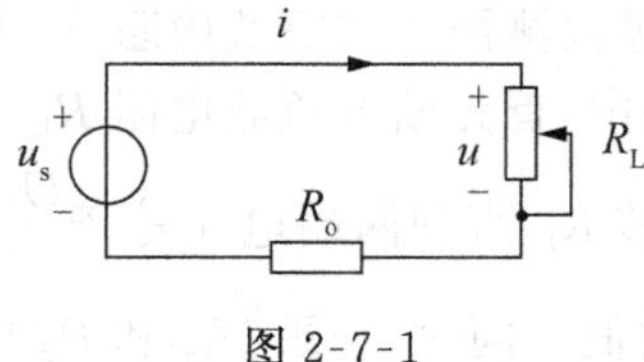

图 2-7-1

负载 R_L 上消耗的功率 P 为:

$$P = i^2 R_L = \left(\frac{u}{R_0 + R_L}\right)^2 R_L$$

当 $R_L=0$ 或 $R_L=\infty$ 时,电源输送给负载的功率均为零。而以不同的 R_L 值代入上式,可求得不同的 P 值,其中必有一个 R_L 值,使负载能从电源处获得最大的功率。

2. 负载获得最大功率的条件。根据数学求最大值的方法,令负载功率表达式中的 R_L 为自变量,P 为因变量,并使$\frac{dP}{dR_L}=0$,即可求得最大功率传输的条件为 $\frac{dP}{dR_L}=0$,即:

$$\frac{dP}{dR_L} = \frac{[(R_0 + R_L)^2 - 2R_L(R_L + R_0)]u^2}{(R_0 + R_L)^4}$$

令$(R_L + R_0)^2 - 2R_L(R_L + R_0) = 0$,解得:

$$R_L = R_0$$

当满足 $R_L=R_0$ 时,负载从电源获得的最大功率为:

$$P_{max} = \left(\frac{u}{R_0 + R_L}\right)^2 R_L = \left(\frac{u}{2R_L}\right)^2 R_L = \frac{u^2}{4R_L}$$

这时,称此电路处于匹配工作状态。

负载得到最大功率时,电路的效率为:

$$\eta = \frac{P_L}{u_S I} = 50\%$$

3. 匹配电路的特点及应用。在电路处于匹配状态时,电源本身要消耗一半的功率。此时电源的效率只有 50%。显然,这在电力系统的能量传输过程中是绝对不允许的。发电机的内阻是很小的，电路传输的最主要指标是高效率送电，最好是100%的功率均传送给负载。为此，负载电阻应远大于电源的内阻，即不允许运行在匹配状态。而在电子技术领域里却完全不同。一般的信号源本身功率较小，且都有较大的内阻。负载电阻（如扬声器等）往往是较小的定值，且希望能从电源获得最大的功率输出，而电源的效率往往不予考虑。通常设法改变负载电阻，或在信号源与负载之间加阻抗变换器（如音频功放的输出级与扬声器之间的输出变压器），使电路处于工作匹配状态，以使负载能获得最大的输出功率。

三、实验设备

1. 直流数字电压表、直流数字电流表。
2. 恒压源（双路0～30V可调）。
3. 恒流源（0～200mA可调）。
4. 电工综合实验台。

四、实验内容

1. 根据电源外特性曲线设计一个实际电压源模型。已知电源外特性曲线如图2-7-2所示，根据图中给出的开路电压和短路电流数值，计算出实际电压源模型中的电压源 U_S 和内阻 R_S。实验中，电压源 U_S 选用恒压源的可调稳压输出端，内阻 R_S 选用固定电阻。

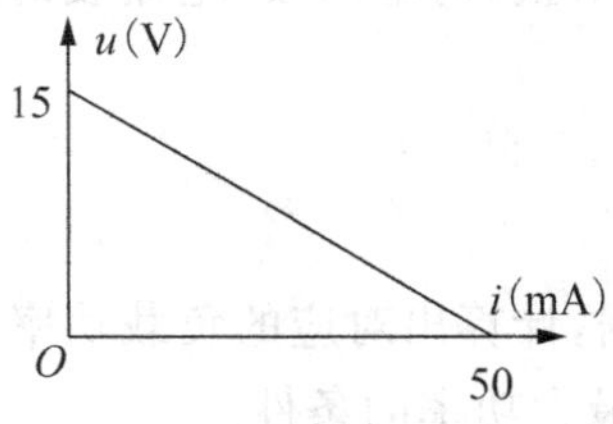

图2-7-2

2. 测量电路传输功率。用上述设计的实际电压源与负载电阻 R_L 相连，电路如图2-7-3所示，R_L 选用电阻箱，从0～600Ω改变负载电阻 R_L 的数值，测量对应的电压、电流，将数据记入表2-7-1中。

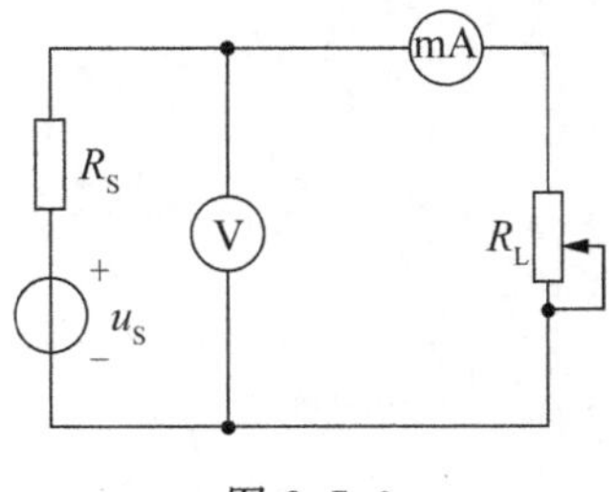

图2-7-3

表 2-7-1 电路传输功率数据

$R_L(\Omega)$	0	100	200	300	400	500	600
$U(V)$							
$I(mA)$							
$P_L(mW)$							
$\eta(\%)$							

五、注意事项

电源用恒压源的可调电压输出端，其输出电压根据计算的电压源 U_S 数值进行调整。防止电源短路。

六、思考题

1. 什么是阻抗匹配？电路传输最大功率的条件是什么？

2. 电路传输的功率和效率如何计算？

3. 根据图 2-7-2 给出的电源外特性曲线，计算出实际电压源模型中的电压源 U_S 和内阻 R_S，作为实验电路中的电源。

4. 电压表、电流表前后位置对换，对电压表、电流表的读数有无影响，为什么？

七、实验报告要求

1. 回答思考题。

2. 根据表 2-7-1 的实验数据，计算出对应的负载功率 P_L，并画出负载功率 P_L 随负载电阻 R_L 变化的曲线，找出传输最大功率的条件。

3. 根据表 2-7-1 的实验数据，计算出对应的效率 η，指明传输最大功率时的效率，并求出什么时候出现最大效率。由此说明电路在什么情况下，传输最大功率才比较经济、合理。

实验八　受控源研究

一、实验目的

1. 加深对受控源的理解。
2. 熟悉由运算放大器组成受控源电路的分析方法，了解运算放大器的应用。
3. 掌握受控源特性的测量方法。

二、实验原理

1. 受控源。受控源向外电路提供的电压或电流受其他支路的电压或电流控制，因而受控源是双口元件：一个为控制端口或输入端口，输入控制量（电压或电流）；另一个为受控端口或输出端口，向外电路提供电压或电流。受控端口的电压或电流，受控制端口的电压或电流的控制。根据控制变量与受控变量的不同组合，受控源可分为四类（见图 2-8-1）。

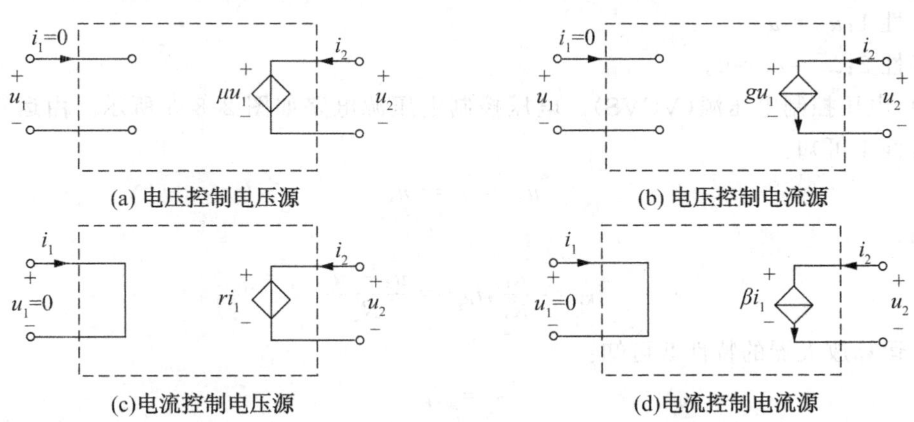

图 2-8-1

(1)电压控制电压源（VCVS），如图 2-8-1(a)所示，其特性为：

$$u_2 = \mu u_1$$

其中，$\mu = \frac{u_2}{u_1}$，称为“转移电压比”（即电压放大倍数）。

(2)电压控制电流源（VCCS），如图 2-8-1(b)所示，其特性为：

$$i_2 = g u_1$$

其中，$g = \frac{i_2}{u_1}$，称为“转移电导”。

(3)电流控制电压源（CCVS），如图 2-8-1(c)所示，其特性为：

$$u_2 = r i_1$$

其中，$r = \frac{u_2}{i_1}$，称为“转移电阻”。

(4)电流控制电流源(CCCS),如图 2-8-1(d)所示,其特性为:

$$i_2 = \beta i_1$$

其中,$\beta=\frac{i_2}{i_1}$,称为“转移电流比”(即电流放大倍数)。

2.用运算放大器组成的受控源。运算放大器的电路符号如图 2-8-2 所示,具有两个输入端:同相输入端 u_+ 和反相输入端 u_-,一个输出端 u_o,放大倍数为 A,则 $u_o=A(u_+-u_-)$。

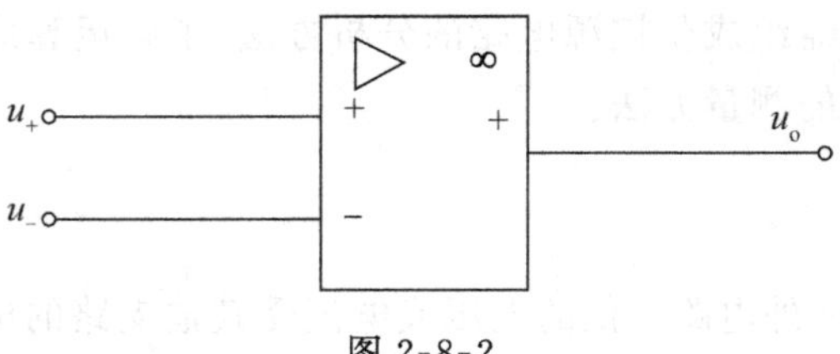

图 2-8-2

对于理想运算放大器,放大倍数 A 为∞,输入电阻为∞,输出电阻为 0,由此可得出两个特性。

特性 1:$u_+=u_-$;

特性 2:$i_+=i_-=0$。

(1)电压控制电压源(VCVS)。电压控制电压源电路如图 2-8-3 所示。由运算放大器的特性 1 可知:

$$u_+ = u_- = u_1$$

则:

$$i_{R_1} = \frac{u_1}{R_1}, i_{R_2} = \frac{u_2 - u_1}{R_2}$$

由运算放大器的特性 2 可知:

$$i_{R_1} = i_{R_2}$$

代入 i_{R_1}、i_{R_2} 得:

$$u_2 = (1 + \frac{R_2}{R_1})u_1$$

可见,运算放大器的输出电压 u_2 受输入电压 u_1 控制,其电路模型如图 2-8-1(a)所示,转移电压比为:

$$\mu=1+\frac{R_2}{R_1}$$

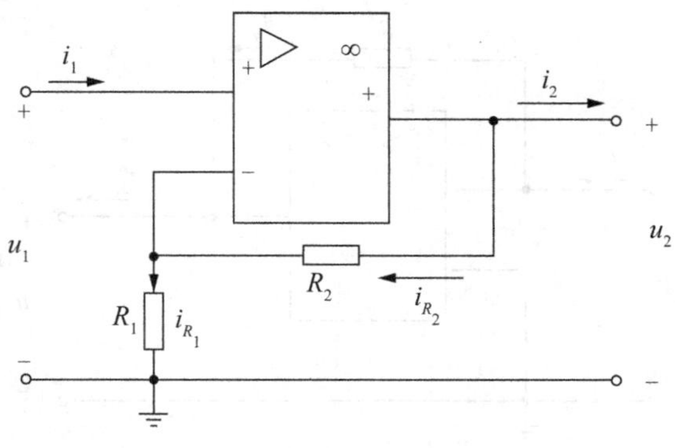

图 2-8-3

(2)电压控制电流源(VCCS)。电压控制电流源电路如图 2-8-4 所示。

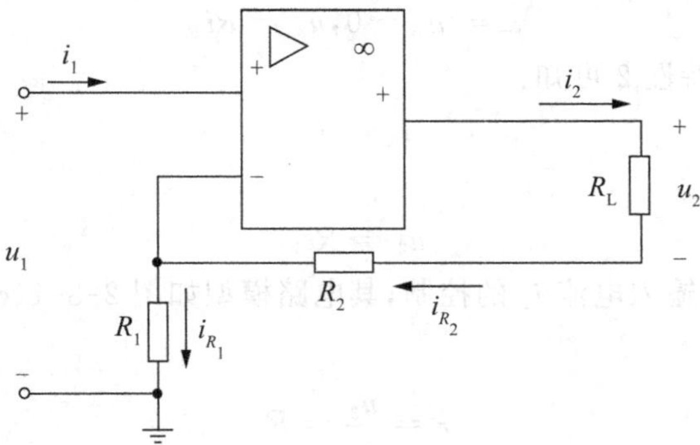

图 2-8-4

由运算放大器的特性 1 可知：

$$u_+ = u_- = u_1$$

则：

$$i_{R_1} = \frac{u_1}{R_1}$$

由运算放大器的特性 2 可知：

$$i_2 = i_{R_1} = \frac{u_1}{R_1}$$

即 i_2 只受输入电压 u_1 控制，与负载 R_L 无关(实际上要求 R_L 为有限值)，其电路模型如图 2-8-1(b)所示。

转移电导为：

$$g = \frac{i_2}{u_1} = \frac{1}{R_1}$$

(3)电流控制电压源(CCVS)。电流控制电压源电路如图 2-8-5 所示。

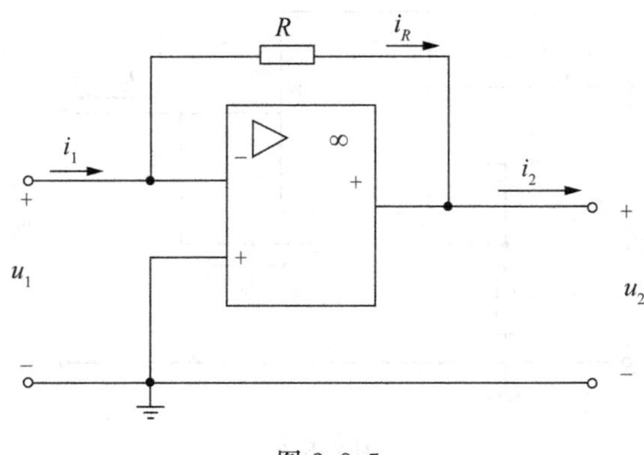

图 2-8-5

由运算放大器的特性 1 可知：

$$u_- = u_+ = 0, u_2 = Ri_R$$

由运算放大器的特性 2 可知：

$$i_R = i_1$$

代入上式，得：

$$u_2 = Ri_1$$

即输出电压 u_2 受输入电流 i_1 的控制，其电路模型如图 2-8-1(c)所示。

转移电阻为：

$$r = \frac{u_2}{i_1} = R$$

(4)电流控制电流源(CCCS)。电流控制电流源电路如图 2-8-6 所示。

由运算放大器的特性 1 可知：

$$u_- = u_+ = 0, i_{R_1} = \frac{R_2}{R_1 + R_2} i_2$$

由运算放大器的特性 2 可知：

$$i_{R_1} = -i_1$$

代入上式，得：

$$i_2 = -(1 + \frac{R_1}{R_2}) i_1$$

即输出电流 i_2 只受输入电流 i_1 的控制，与负载 R_L 无关，其电路模型如图 2-8-1(d)所示，转移电流比为：

$$\beta = \frac{i_2}{i_1} = -(1 + \frac{R_1}{R_2})$$

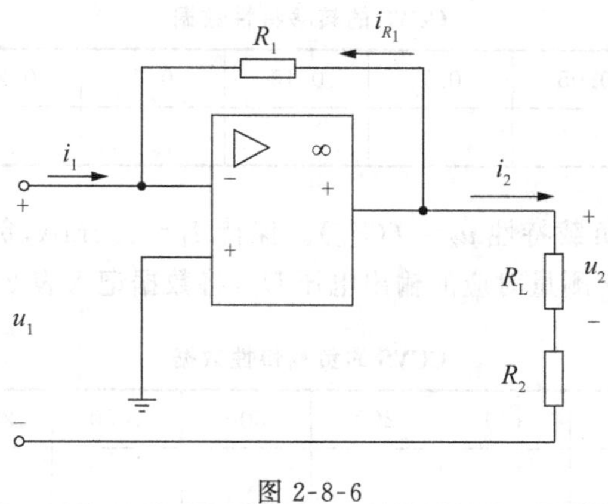

图 2-8-6

三、实验设备

1. 直流数字电压表、直流数字电流表。
2. 恒压源(双路 0～30V 可调)。
3. 恒流源(0～200mA 可调)。
4. 电工综合实验台。

四、实验内容

1. 测试电压控制电流源(VCCS)特性。实验电路如图 2-8-3 所示,U_1 用恒压源的可调电压输出端,U_2 两端接负载 $R_L=2k\Omega$(用电阻箱),$R_1=R_2=1k\Omega$。

(1)测试 VCCS 的转移特性 $i_2=f(u_1)$。调节恒压源输出电压 U_1(以电压表读数为准),用电流表测量对应的输出电流 I_2,将数据记入表 2-8-1 中。

表 2-8-1　　VCCS 的转移特性数据

U_1(V)	0	0.5	1	1.5	2	2.5	3	3.5	4
I_2(mA)									

(2)测试 VCCS 的负载特性 $i_2=f(R_L)$。保持 $U_1=2V$,负载电阻 R_L 用电阻箱,并调节其大小,用电流表测量对应的输出电流 I_2,将数据记入表 2-8-2 中。

表 2-8-2　　VCCS 的负载特性数据

R_L(kΩ)	50	20	10	5	3	1	0.5	0.2	0.1
I_2(mA)									

2. 测试电流控制电压源(CCVS)特性。实验电路如图 2-8-1(c)所示,I_1 用恒流源,输出 U_2 两端接负载 $R_L=2k\Omega$(用电阻箱)。

(1)测试 CCVS 的转移特性 $u_2=f(u_1)$。调节恒流源输出电流 I_1(以电流表读数为准),用电压表测量对应的输出电压 U_2,将数据记入表 2-8-3 中。

表 2-8-3 CCVS 的转移特性数据

I_1(mA)	0	0.05	0.1	0.15	0.2	0.25	0.3	0.4
U_2(V)								

(2)测试 CCVS 的负载特性 $u_2=f(R_L)$。保持 $I_1=0.2$mA,负载电阻 R_L 用电阻箱,并调节其大小,用电压表测量对应的输出电压 U_2,将数据记入表 2-8-4 中。

表 2-8-4 CCVS 的负载特性数据

R_L(Ω)	50	100	150	200	500	1000	2000	10000	80000
U_2(V)									

3.测试电压控制电压源(VCVS)特性。电压控制电压源(VCVS)可由电压控制电流源(VCCS)和电流控制电压源(CCVS)串联而成。实验电路由图 2-8-1(b)(c)构成,将图 2-8-1(b)的输出端与图 2-8-1(c)中的输入端相连,输入端接恒压源的可调输出端,图 2-8-1(c)的输出端 u_2 接负载 $R_L=2$kΩ(用电阻箱)。

(1)测试 VCVS 的转移特性 $u_2=f(u_1)$。调节恒压源输出电压 U_1(以电压表读数为准),用电压表测量对应的输出电压 U_2,将数据记入表 2-8-5 中。

表 2-8-5 VCVS 的转移特性数据

U_1(V)	0	1	2	3	4	4.5	5
U_2(V)							

(2)测试 VCVS 的负载特性 $u_2=f(R_L)$。保持 $U_1=2$V,负载电阻 R_L 用电阻箱,并调节其大小,用电压表测量对应的输出电压 U_2,将数据记入表 2-8-6 中。

表 2-8-6 VCVS 的负载特性数据

R_L(Ω)	50	70	100	200	300	400	500	1000	2000
U_2(V)									

4.测试电流控制电流源(CCCS)特性。电流控制电流源(CCCS)可由电流控制电压源(CCVS)和电压控制电流源(VCCS)串联而成。实验电路由图 2-8-1(c)(b)构成,将图 2-8-1(c)的输出端与图 2-8-1(b)的输入端相连,输入端接恒流源,图 2-8-1(b)的输出端接负载 $R_L=2$kΩ(用电阻箱)。

(1)测试 CCCS 的转移特性 $i_2=f(i_1)$。调节恒流源输出电流 I_1(以电流表读数为准),用电流表测量对应的输出电流 I_2,将数据记入表 2-8-7 中。

表 2-8-7　CCCS 的转移特性数据

I_1(mA)	0	0.05	0.1	0.15	0.2	0.25	0.3	0.4
I_2(mA)								

(2)测试 CCCS 的负载特性 $i_2=f(R_L)$。保持 $I_1=0.2$mA,负载电阻 R_L 用电阻箱,并调节其大小,用电流表测量对应的输出电流 I_2,将数据记入表 2-8-8 中。

表 2-8-8　CCCS 的负载特性数据

R_L(Ω)	50	100	150	200	500	1000	2000	10000	80000
I_2(mA)									

五、注意事项

1. 用恒流源供电的实验中,不允许恒流源开路。
2. 运算放大器输出端不能与地短路,输入端电压不宜过高(低于 5V)。

六、思考题

1. 什么是受控源?了解四种受控源的缩写、电路模型、控制量与被控量的关系。
2. 四种受控源中的转移参量 μ、g、r 和 β 的意义是什么,如何测得?
3. 若受控源控制量的极性反向,其输出极性是否发生变化?
4. 如何由两个基本的 CCVC 和 VCCS 获得其他两个 CCCS 和 VCVS,它们的输入、输出如何连接?
5. 了解运算放大器的特性,分析四种受控源实验电路的输入、输出关系。

七、实验报告要求

1. 根据实验数据,在方格纸上分别绘出四种受控源的转移特性和负载特性曲线,并求出相应的转移参量 μ、g、r 和 β。
2. 参考实验数据,说明转移参量 μ、g、r 和 β 受电路中哪些参数的影响,如何改变它们的大小?
3. 回答思考题。
4. 对实验的结果作出合理的分析和结论,总结对四种受控源的认识和理解。

实验九　直流双口网络的研究

一、实验目的

1. 加深理解双口网络的基本理论知识。
2. 掌握直流双口网络传输参数的测试方法。

二、原理说明

1. 双口网络的基本概念。对于任何一个线性双口网络，通常关心的往往只是输入端口和输出端口的电压和电流间的相互关系。双口网络端口的电压和电流四个变量之间的关系，可以用多种形式的参数方程来表示。本实验采用输出端口的电压 u_2 和电流 i_2 作为自变量，以输入端口的电压 u_1 和电流 i_1 作为因变量，所得的方程称为“双口网络的传输方程”。如图 2-9-1 所示的无源线性双口网络（又称为“四端网络”）的传输方程为：

$$u_1 = Au_2 + B(-i_2)$$
$$i_1 = Cu_2 + D(-i_2)$$

式中：A、B、C、D 为双口网络的传输参数，其值完全取决于网络的拓扑结构及各支路元件的参数值，它们表征了该双口网络的基本特性。

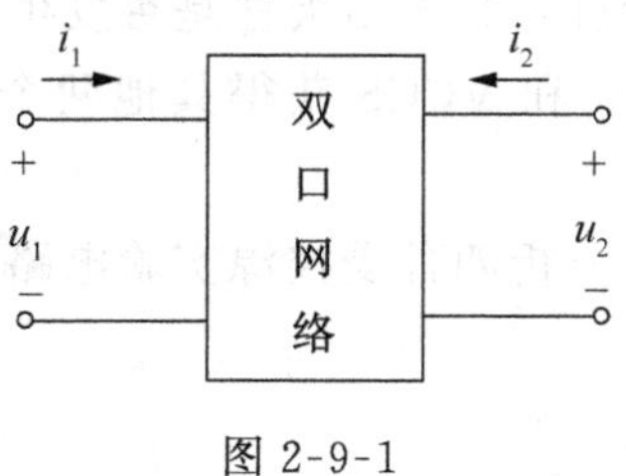

图 2-9-1

2. 双口网络传输参数的测试方法。

(1) 双端口同时测量法。在网络的输入端口加上电压，在两个端口同时测量其电压和电流，由传输方程可得 A、B、C、D 四个参数：

$$A = \frac{u_{1O}}{u_{2O}}（令\ i_2 = 0，即输出端口开路时），B = -\frac{u_{1S}}{u_{2S}}（令\ u_2 = 0，即输出端口短路时）$$

$$C = \frac{i_{1O}}{u_{2O}}（令\ i_2 = 0，即输出端口开路时），D = -\frac{i_{1S}}{i_{2S}}（令\ u_2 = 0，即输出端口短路时）$$

(2) 双端口分别测量法。先在输入端口加电压，而将输出端口开路和短路，测量输入端口的电压和电流，由传输方程可得：

$$R_{1O} = \frac{u_{1O}}{i_{1O}} = \frac{A}{C}（令\ i_2 = 0，即输出端口开路时）$$

$$R_{1S} = \frac{u_{1S}}{i_{1S}} = \frac{B}{D}（令\ u_2 = 0，即输出端口短路时）$$

然后在输出端口加电压，而将输入端口开路和短路，测量输出端口的电压和电流，由传输方程可得：

$$R_{2O}=\frac{u_{2O}}{i_{2O}}=\frac{D}{C}\text{（令 } i_1=0\text{，即输入端口开路时）}$$

$$R_{2S}=\frac{u_{2S}}{i_{2S}}=\frac{B}{A}\text{（令 } u_1=0\text{，即输入端口短路时）}$$

R_{1O}、R_{1S}、R_{2O}、R_{2S}分别表示一个端口开路和短路时另一个端口的等效输入电阻，这四个参数中有三个是独立的，因此，只要测量出其中任意三个参数（如 R_{1O}、R_{2O}、R_{2S}），与方程 $AD-BC=1$（双口网络为互易双口，该方程成立）联立，便可求出四个传输参数：

$$A=\sqrt{\frac{R_{1O}}{R_{2O}-R_{2S}}},B=R_{2S}A,C=\frac{A}{R_{1O}},D=R_{2O}C$$

3. 双口网络的级联。双口网络级联后的等效双口网络的传输参数也可采用上述方法之一求得。根据双口网络理论推得：双口网络 1 与双口网络 2 级联后等效的双口网络的传输参数，与网络 1 和网络 2 的传输参数之间的关系为：

$$A=A_1A_2+B_1C_2,B=A_1B_2+B_1D_2$$
$$C=C_1A_2-D_1C_2,D=C_1B_2+D_1D_2$$

三、实验设备

1. 直流数字电压表、直流数字电流表。
2. 恒压源（双路 0～30V 可调）。
3. 电工综合实验台。

四、实验内容

实验电路如图 2-9-2 所示，其中图(a)为Ⅰ形网络，图(b)为Ⅱ形网络。将恒压源的输出电压调到 10V，作为双口网络的输入电压 U_1，各个电流均用电流插头、插座测量。

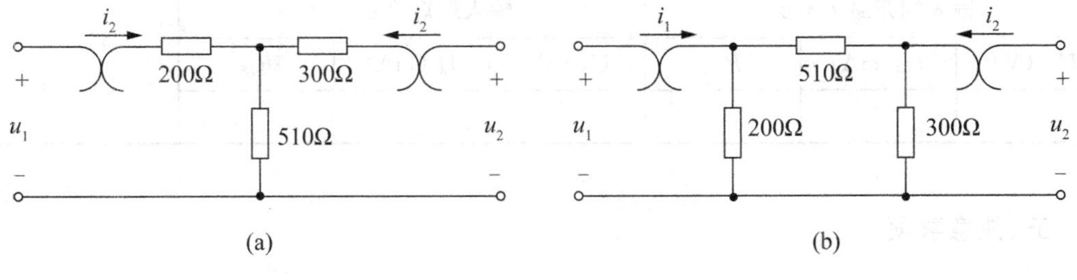

图 2-9-2

1. 用双端口同时测量法测定双口网络传输参数。根据双端口同时测量法的原理和方法，按照表 2-9-1、表 2-9-2 的内容，分别测量Ⅰ形网络和Ⅱ形网络的电压、电流，并计算出传输参数 A、B、C、D 的值，将所有数据记入表 2-9-1、表 2-9-2 中。

表 2-9-1 **测定传输参数的实验数据一**

<table>
<tr><td rowspan="4">Ⅰ形网络</td><td rowspan="2">输出端开路
$I_2=0$</td><td colspan="3">测量值</td><td colspan="2">计算值</td></tr>
<tr><td>U_{1O}(V)</td><td>U_{2O}(V)</td><td>I_{1O}(mA)</td><td>A</td><td>C</td></tr>
<tr><td rowspan="2">输出端短路
$U_2=0$</td><td>U_{1S}(V)</td><td>I_{1S}(mA)</td><td>I_{2S}(mA)</td><td>B</td><td>D</td></tr>
<tr><td></td><td></td><td></td><td></td><td></td></tr>
</table>

表 2-9-2 **测定传输参数的实验数据二**

<table>
<tr><td rowspan="5">Ⅱ形网络</td><td rowspan="3">输出端开路
$I_2=0$</td><td colspan="3">测量值</td><td colspan="2">计算值</td></tr>
<tr><td>U_{1O}(V)</td><td>U_{2O}(V)</td><td>I_{1O}(mA)</td><td>A</td><td>C</td></tr>
<tr><td></td><td></td><td></td><td></td><td></td></tr>
<tr><td rowspan="2">输出端短路
$U_2=0$</td><td>U_{1S}(V)</td><td>I_{1S}(mA)</td><td>I_{2S}(mA)</td><td>B</td><td>D</td></tr>
<tr><td></td><td></td><td></td><td></td><td></td></tr>
</table>

2.用双端口分别测量法测定级联双口网络传输参数。将Ⅰ形网络的输出端口与Ⅱ形网络的输入端口连接，组成级联双口网络，根据双端口分别测量法的原理和方法，按照表2-9-3的内容，分别测量级联双口网络输入端口和输出端口的电压、电流，并计算出等效输入电阻和传输参数 A、B、C、D，将所有数据记入表 2-9-3 中。

表 2-9-3 **测定级联双口网络传输参数的实验数据**

<table>
<tr><td colspan="3">输出端开路 $I_2=0$</td><td colspan="3">输出端短路 $U_2=0$</td><td rowspan="3">计算传输参数</td></tr>
<tr><td>U_{1O}(V)</td><td>I_{1O}(mA)</td><td>R_{1O}</td><td>U_{1S}(V)</td><td>I_{1S}(mA)</td><td>R_{1S}</td></tr>
<tr><td></td><td></td><td></td><td></td><td></td><td></td></tr>
<tr><td colspan="3">输入端开路 $I_1=0$</td><td colspan="3">输入端短路 $U_1=0$</td><td rowspan="3">A B
C D</td></tr>
<tr><td>U_{2O}(V)</td><td>I_{2O}(mA)</td><td>R_{2O}</td><td>U_{2S}(V)</td><td>I_{2S}(mA)</td><td>R_{2S}</td></tr>
<tr><td></td><td></td><td></td><td></td><td></td><td></td></tr>
</table>

五、注意事项

1.用电流插头、插座测量电流时，要注意判别电流表的极性及选取适合的量程(根据所给的电路参数，估算电流表量程)。

2.两个双口网络级联时，应将一个双口网络 1 的输出端与另一个双口网络 2 的输入端连接。

六、思考题

1.双口网络的传输参数有哪些，它们有何物理意义？

2. 试述双口网络同时测量法与分别测量法的测量步骤、优缺点及适用场合。
3. 两个双口网络组成的级联双口网络的传输参数如何测定？

七、实验报告要求

1. 整理各个表格中的数据，完成指定的计算。
2. 写出各个双口网络的传输方程。
3. 验证级联双口网络的传输参数与级联的两个双口网络传输参数之间的关系。
4. 回答思考题。

实验十　互易定理

一、实验目的

1. 验证互易定理。

2. 进一步熟悉直流电流表、直流电压表及电压源和电流源的使用方法。

3. 了解仪表误差对测量结果的影响。

二、原理说明

互易定理是线性电路的一个重要性质。所谓互易，是指对线性电路，当只有一个激励源(一般不含受控源)时，激励与其在另一支路中的响应可以等值地相互交换位置。

互易定理有三种基本形式，图 2-10-1 是互易定理的第一种形式。在只有一个独立电压源激励下，在图(a)中的 1-1′端接一个电压源，将 2-2′端短路，且该电路端口电流 i_1 是电路中唯一的电压源所产生的响应。则将电压源移至 2-2′端，而将 1-1′端短路，如图(b)所示，那么有 $i_2=i_1$。

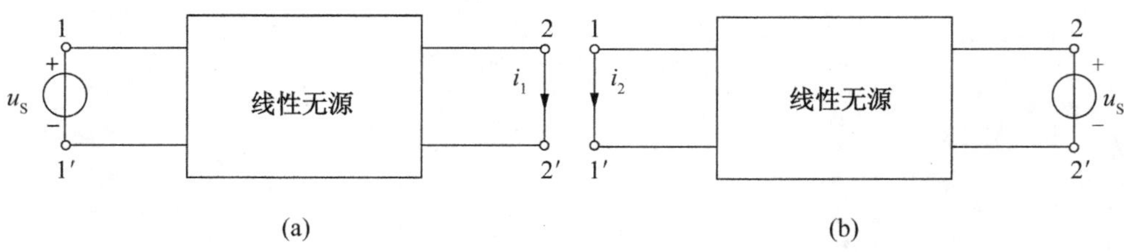

图 2-10-1　互易定理示意图(一)

图 2-10-2 是互易定理的第二种形式。在只有一个独立电流源激励下，在图(a)中的 3-3′端接一个电流源，将 4-4′端开路，且该电路端口电压 u_1 是电路中唯一的电流源所产生的响应。则将电流源移至 4-4′端，而将 3-3′端开路，如图(b)所示，那么有 $u_2=u_1$(或等于电流源扩大或减小的倍数与 u_1 的乘积)。

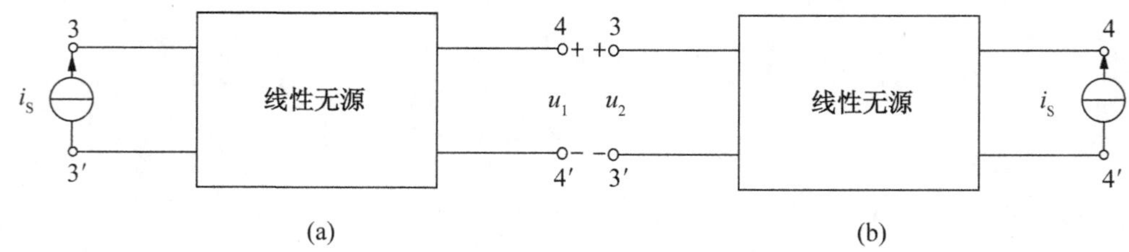

图 2-10-2　互易定理示意图(二)

图 2-10-3 是互易定理的第三种形式。在两组相同的电路中分别有一个单独的激励源，其中激励源 i_S 与激励源 u_S 在数值上相等。在图(a)中的 5-5′端接一个电流源，将6-6′

端短路，且该电路端口电流 i_3 是电路中唯一的电流源 i_S 所产生的响应。则将电流源 i_S 改为电压源移至 6-6′端，而将 5-5′端开路，如图(b)所示，那么有 $u_3=i_3$。

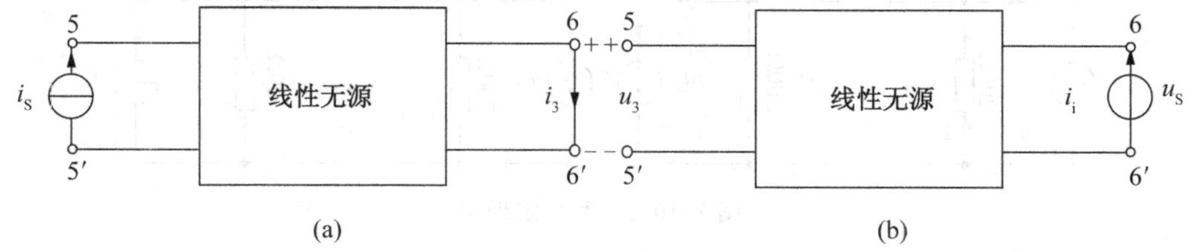

图 2-10-3 互易定理示意图(三)

三、实验设备

1. 直流电压表、直流电流表。
2. 电压源(双路 0～30V 可调)。
3. 电流源(0～200mA 可调)。
4. 电工综合实验台。

四. 实验内容

1. 如图 2-10-4 所示，电路中激励源 U_{11} 由双路 0～30V 可调电压源提供，首先将激励源接在 200Ω 的支路上，测量其在 300Ω 支路中的电流响应 I_{11}；再将激励源 U_{11} 移至 300Ω 的支路上，测量其在 200Ω 支路上的电流响应 I_{12}。激励源分别取 4 组不同的电压值，记录不同电压值下的电流值 I_{11} 和 I_{12}，记入表 2-10-1 中，分析测量结果，并验证互易定理。

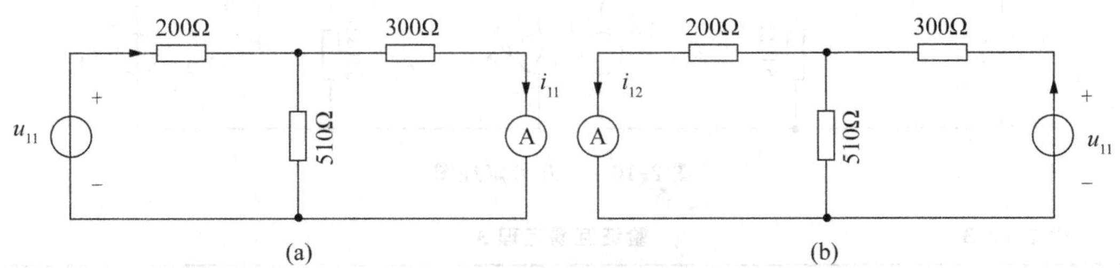

图 2-10-4 互易定理图

表 2-10-1 **验证互易定理 1**

U_{11}(V)				
I_{11}(mA)				
I_{12}(mA)				

2. 如图 2-10-5 所示，电路中激励源 I_{21} 由可调电流源提供，先将激励源接在 200Ω 电阻上，测量其在 300Ω 电阻上的电压响应 U_{21}；再将激励源 i_{21} 接在 300Ω 电阻上，测量其在 200Ω 电阻上的电压响应 U_{22}。激励源分别取 4 组不同的电流值，记录不同电流值下的电

压值 u_{21} 和 u_{22}，记入表 2-10-2 中，分析测量结果，并验证互易定理。

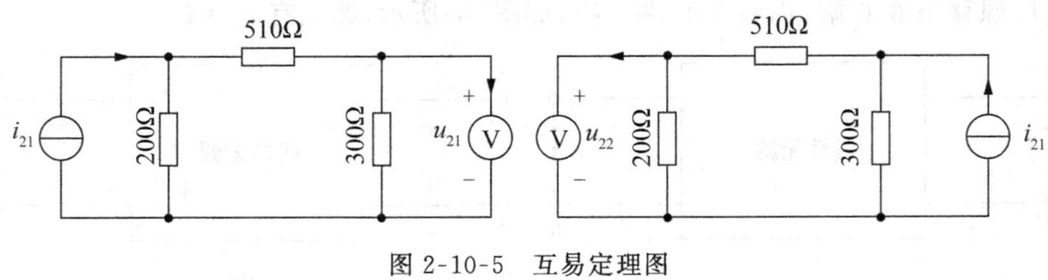

图 2-10-5 互易定理图

表 2-10-2 验证互易定理 2

I_{21}(mA)				
U_{21}(V)				
U_{22}(V)				

3. 如图 2-10-6 所示，在两组相同的电路中分别有一个单独的激励源，其中激励源 I_{31} 与激励源 U_{31} 在数值上相等。先将激励源 I_{31} 接在 200Ω 支路上，测量其在 300Ω 支路上的电流响应 I_{32}；再将激励源 U_{31} 接在 300Ω 支路上，测量其在 200Ω 支路上的电压响应 U_{32}。取 4 组不同的激励源的值，分别记录 I_{32} 和 U_{32} 的值，记入表 2-10-3 中，分析测量结果，并验证互易定理。

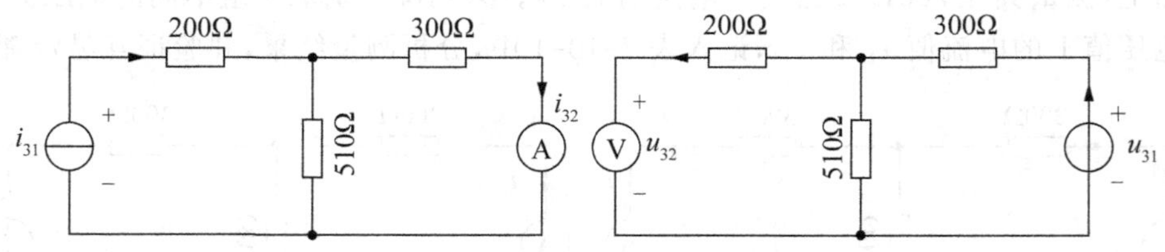

图 2-10-6 互易定理图

表 2-10-3 验证互易定理 3

I_{31}(mA)				
I_{32}(mA)				
U_{31}(V)				
U_{32}(V)				

五、思考题

1. 互易定理的适用范围是哪些？如何理解互易定理 3 的内容。
2. 互易定理和特勒根定理有何联系？

六、注意事项

1. 连接实验电路前，按教师要求，将电源的电压值和电流值还原到初始状态，然后关掉电源待用。

2. 谨防稳压电源输出端短路。当一个激励源单独作用时，应将另一电源拆除，用短路线代替，不能直接将电源短路。特别注意，拆、改线路前要先断开电源。

3. 注意测量数据的实际方向和参考方向之间的关系。

七、实验报告要求

1. 预习直流电压表、直流电流表、直流电压源和直流电流源的使用方法。
2. 结合电路结构及电路参数，计算实验电路中被测量的数值，验证互易定理。
3. 设计合理的数据表格。

实验十一　典型周期性电信号的观察和测量

一、实验目的

1. 加深理解周期性信号的有效值和平均值，学会计算方法。
2. 了解几种周期性信号（正弦波、矩形波、三角波）的有效值、平均值和幅值的关系。
3. 掌握信号源的使用方法。

二、原理说明

正弦波、矩形波、三角波都属于周期性信号，它们的电压波形如图 2-11-1 所示，各波形的幅值为 U_m，周期为 T。用有效值表示周期性信号的大小（做功能力），平均值表示周期性信号在一个周期里平均起来的大小。本实验是取波形绝对值的平均值，它们都与幅值有一定关系。

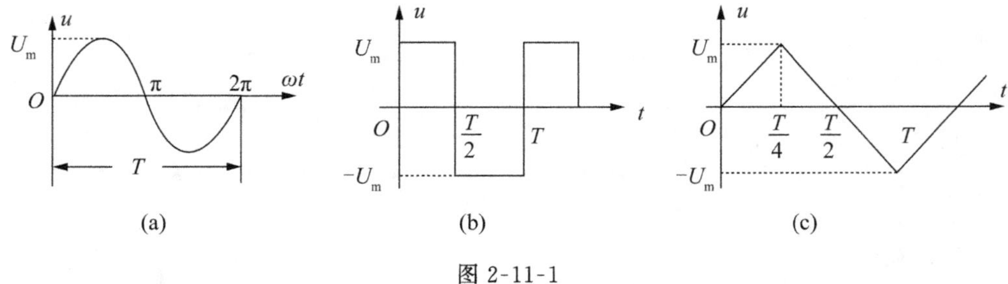

图 2-11-1

1. 正弦波电压有效值、平均值的计算。如图 2-11-1(a)所示，设正弦波电压 $u=U_m\sin\omega t$，有效值为：

$$u=\sqrt{\frac{1}{T}\int_0^T u^2\,dt}=\sqrt{\frac{1}{T}\int_0^T U_m^2\sin^2\omega t\,dt}=\frac{U_m}{\sqrt{2}}=0.707U_m$$

正弦波电压的平均值为零，若按正弦波电压绝对值（即全波整流波形）计算，平均值为：

$$u_V=\frac{1}{\frac{T}{2}}\int_0^{\frac{T}{2}}u\,dt=\frac{1}{\frac{T}{2}}\int_0^{\frac{T}{2}}U_m\sin\omega t\,dt=\frac{2U_m}{\pi}=0.636U_m$$

2. 矩形波电压有效值、平均值的计算。如图 2-11-1(b)所示，有效值等于电压的“方均根”。由于电压波形对称，只计算半个周期即可，即：

$$u=\sqrt{\frac{1}{\frac{T}{2}}\int_0^{\frac{T}{2}}U_m^2\,dt}=\sqrt{\frac{U_m^2}{\frac{T}{2}}\times t\,\Big|_0^{\frac{T}{2}}}=U_m$$

求波形绝对值的平均值时，同样只计算半个周期即可，即：

$$u_V=\frac{U_m\times\frac{T}{2}}{\frac{T}{2}}=U_m$$

3. 三角波电压有效值、平均值的计算。如图 2-11-1(c)所示，由于波形对称，在四分之一个周期里，$u=\frac{4U_m}{T}\times t$，则有效值为：

$$u=\sqrt{\frac{1}{\frac{T}{4}}\int_0^{\frac{T}{4}}u^2\mathrm{d}t}=\sqrt{\frac{4}{T}\int_0^{\frac{T}{4}}\frac{4^2U_m^2}{T^2}\times t^2\mathrm{d}t}=\sqrt{\frac{4^3U_m^2}{T^3}\int_0^{\frac{T}{4}}t^2\mathrm{d}t}=\frac{U_m}{\sqrt{3}}=0.577U_m$$

求波形绝对值的平均值时，同样只计算四分之一个周期即可，即：

$$u_V=\frac{\frac{U_m\times\frac{T}{4}}{2}}{\frac{T}{4}}=\frac{U_m}{2}=0.5U_m$$

三、实验设备

1. 示波器。
2. 信号源。
3. 电工综合实验台。

四、实验内容

1. 观测正弦波的波形周期和幅值。

(1)将信号源的波形选择开关置于正弦波信号位置上。

(2)将信号源的信号输出端与示波器连接。

(3)接通信号源电源，调节信号源的频率旋钮(包括频段选择开关、频率粗调和频率细调旋钮)，使输出信号的频率为 1kHz(由频率计读出)；调节输出信号的幅值调节旋钮，使信号源输出幅值为 1V，观察波形。

2. 观测矩形波的波形周期和幅值。将信号源的波形选择开关置于方波信号位置上，重复上述步骤。

3. 观测三角波的波形周期和幅值。将信号源的波形选择开关置于锯齿波信号位置上，重复上述步骤。

五、实验报告要求

1. 回答思考题。
2. 整理实验数据，并与计算值(思考题 2)相比较。
3. 试计算图 2-11-2 所示波形(方波)的有效值和平均值。

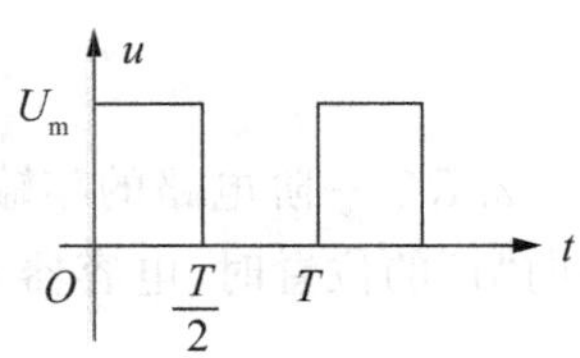

图 2-11-2

实验十二　RC 一阶电路的响应测试

一、实验目的

1. 研究 RC 一阶电路的零输入响应、零状态响应和全响应的规律和特点。
2. 学习一阶电路时间常数的测量方法，了解电路参数对时间常数的影响。
3. 掌握微分电路和积分电路的基本概念。

二、原理说明

1. RC 一阶电路的零状态响应。RC 一阶电路如图 2-12-1 所示，当开关 S 在“1”的位置时，$u_C=0$，处于零状态；当开关 S 合向“2”的位置时，电源通过 R 向电容 C 充电，$u_C(t)$ 称为“零状态响应”。

$$u_C(t) = u_S - u_S e^{-\frac{t}{\tau}}$$

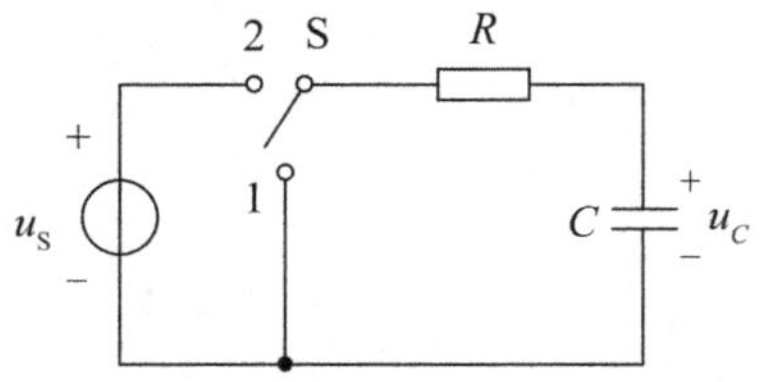

图 2-12-1

u_C 变化曲线如图 2-12-2 所示，当 u_C 上升到 $0.632u_S$ 时，所需要的时间称为“时间常数 τ”，$\tau=RC$。

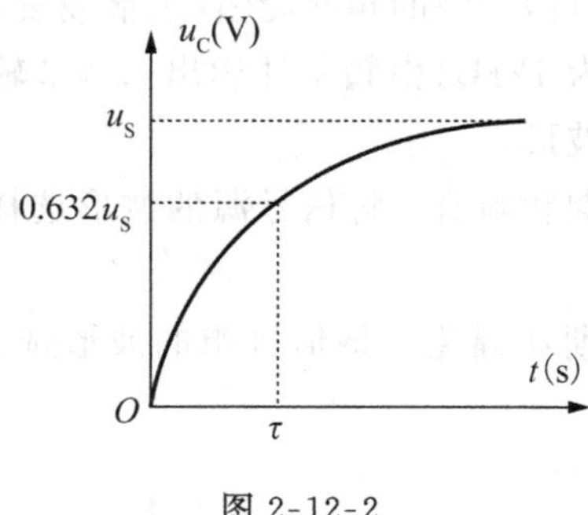

图 2-12-2

2. RC 一阶电路的零输入响应。在图 2-12-1 中，开关 S 在“2”的位置电路稳定后，再合向“1”的位置时，电容器 C 通过 R 放电，$u_C(t)$ 称为“零输入响应”。

$$u_C(t) = u_S e^{-\frac{t}{\tau}}$$

u_S 变化曲线如图 2-12-3 所示，当 u_C 下降到 $0.368u_S$ 时，所需要的时间称为“时间常数 τ”，$\tau=RC$。

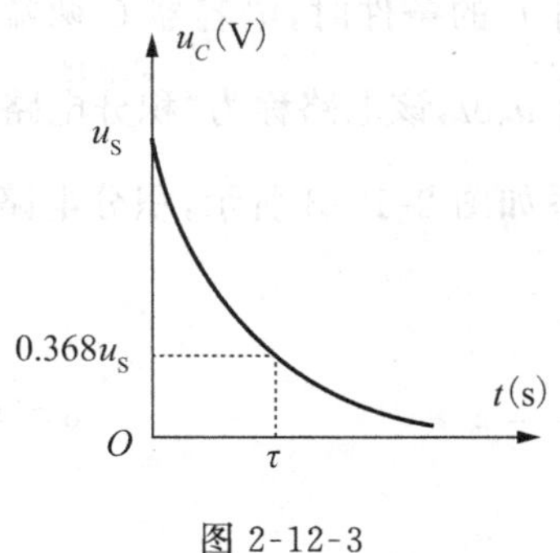

图 2-12-3

3. 测量 RC 一阶电路时间常数。图 2-12-1 电路的上述暂态过程很难观察，为了用普通示波器观察电路的暂态过程，需采用图 2-12-4 所示的周期性方波 u_S 作为电路的激励信号，方波信号的周期为 T，只要满足$\frac{T}{2}\geqslant 5\tau$，便可在示波器的荧光屏上形成稳定的响应波形。

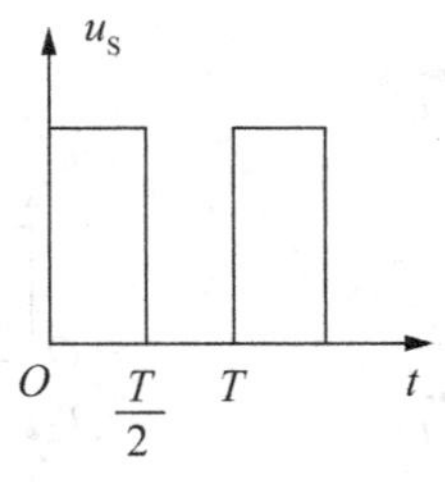

图 2-12-4

电阻 R、电容器 C 串联与方波发生器的输出端连接，用双踪示波器观察电容器电压 u_C，便可观察到稳定的指数曲线，如图 2-12-5 所示，在荧光屏上测得电容器电压最大值 $U_{Cm}=a(\text{cm})$，取 $b=0.632a(\text{cm})$，与指数曲线的交点对应时间 t 轴的 x 点，则根据时间 t 轴比例尺（扫描时间$\frac{t}{\text{cm}}$），该电路的时间常数 $\tau=x(\text{cm})\times\frac{t}{\text{cm}}$。

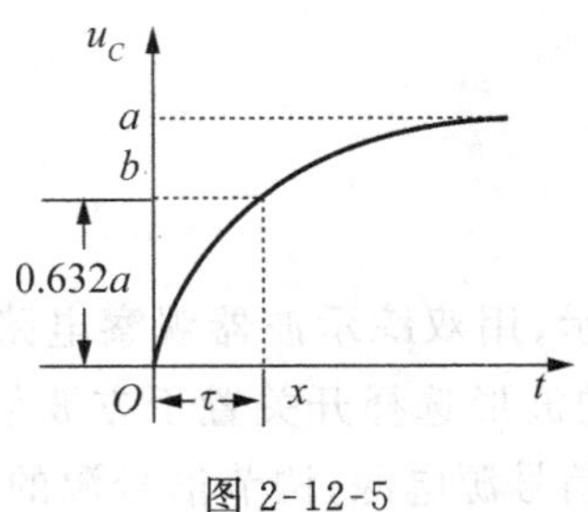

图 2-12-5

4. 微分电路和积分电路。方波信号 u_S 作用在电阻 R、电容器 C 的串联电路中，当满足电路时间常数 τ 远远小于方波周期 T 的条件时，电阻两端（输出）的电压 u_R 与方波输入信号 u_S 呈微分关系，$u_R\approx RC\frac{\mathrm{d}u_S}{\mathrm{d}t}$，该电路称为“微分电路”（见图 2-12-6）。当满足电路

时间常数 τ 远远大于方波周期 T 的条件时，电容器 C 两端（输出）的电压 u_C 与方波输入信号 u_S 呈积分关系，$u_C \approx \frac{1}{RC}\int u_S \mathrm{d}t$，该电路称为"积分电路"（见图 2-12-7）。

微分电路的输出、输入关系如图 2-12-8 所示，积分电路的输出、输入关系如图 2-12-9 所示。

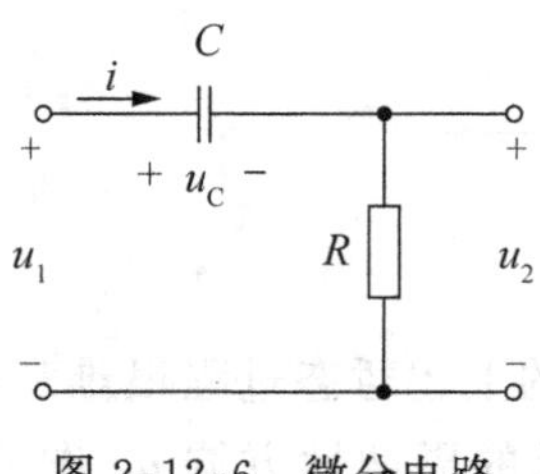

图 2-12-6　微分电路

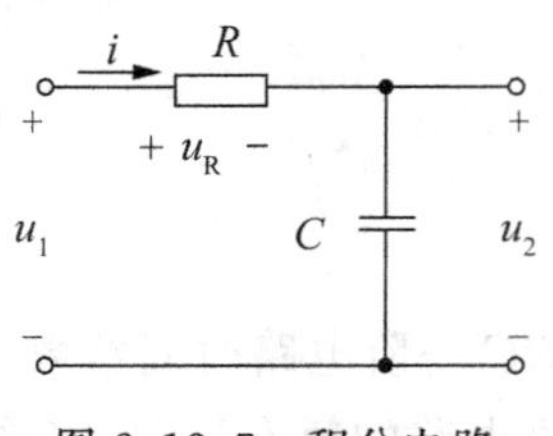

图 2-12-7　积分电路

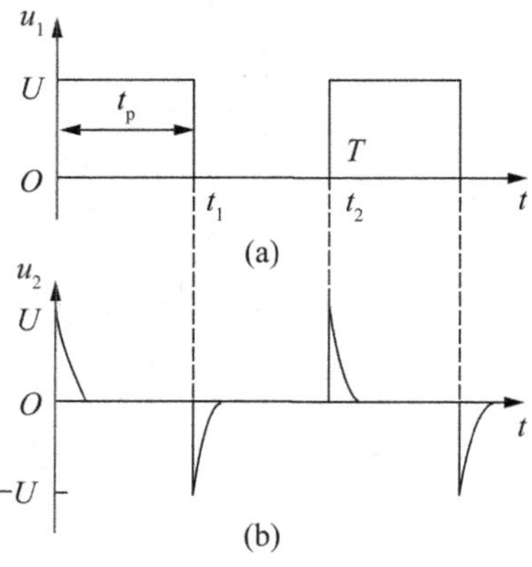

图 2-12-8　微分电路的输入电压和输出电压的波形

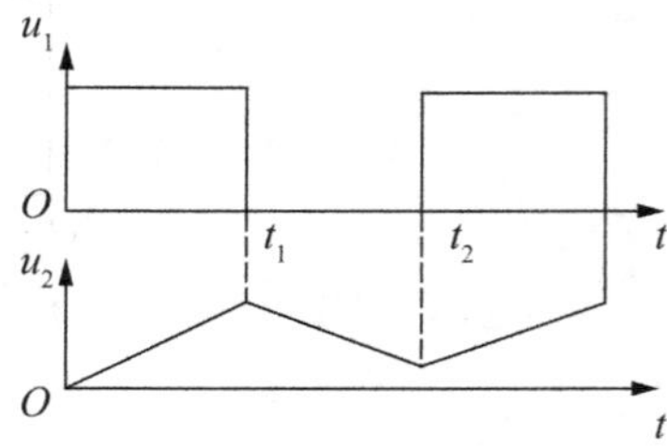

图 2-12-9　积分电路的输入电压和输出电压的波形

三、实验设备

1. 双踪示波器。
2. 信号源（方波输出）。
3. 电工综合实验台。

四、实验内容

实验电路如图 2-12-10 所示，用双踪示波器观察电路激励（方波）信号和响应信号。u_S 为方波输出信号，将信号源的波形选择开关置于方波信号位置上，将信号源的信号输出端与示波器探头连接。接通信号源电源，调节信号源的频率旋钮（包括频段选择开关、频率粗调和频率细调旋钮），使输出信号的频率为 1kHz（由频率计读出）；调节输出信号的幅值调节旋钮，使方波的峰—峰值 $u_{p\text{-}p}=2\text{V}$，固定信号源的频率和幅值不变。

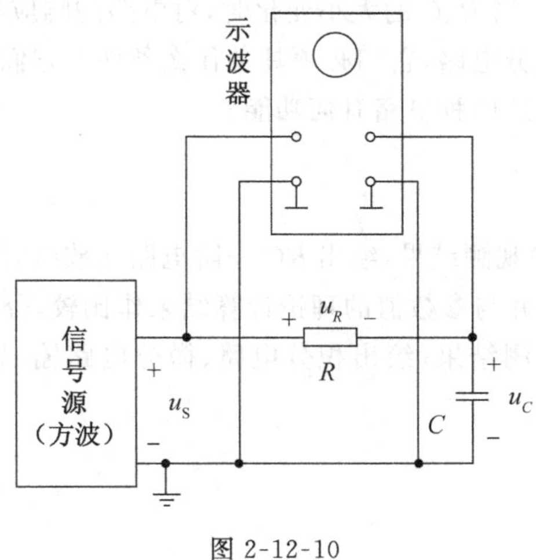

图 2-12-10

1. RC 一阶电路的充放电过程。

(1)测量时间常数 τ：令 $R=10\text{k}\Omega$，$C=0.01\mu\text{F}$，用示波器观察激励 u_S 与响应 u_C 的变化规律，测量并记录时间常数 τ。

(2)观察时间常数 τ(即电路参数 R、C)对暂态过程的影响：令 $R=10\text{k}\Omega$，$C=0.01\mu\text{F}$，观察并描绘响应的波形，继续增大 C(取 $0.01\sim0.1\mu\text{F}$)或增大 R(取 $10\sim30\text{k}\Omega$)，定性地观察对响应的影响。

2. 微分电路和积分电路。

(1)积分电路：令 $R=10\text{k}\Omega$，$C=0.1\mu\text{F}$，用示波器观察激励 u_S 与响应 u_C 的变化规律。

(2)微分电路：将实验电路中的 R、C 元件位置互换，令 $R=100\Omega$，$C=0.01\mu\text{F}$，用示波器观察激励 u_S 与响应 u_R 的变化规律。

五、注意事项

1. 调节电子仪器各旋钮时，动作不要过猛。实验前，需熟读双踪示波器的使用说明，特别是观察双踪时，要特别注意开关、旋钮的操作与调节，示波器探头的地线不允许同时接不同电势。

2. 信号源的接地端与示波器的接地端要连在一起(称为“共地”)，以防外界干扰而影响测量的准确性。

3. 示波器的辉度不应过亮，尤其是光点长期停留在荧光屏上不动时，应将辉度调暗，以延长示波管的使用寿命。

六、思考题

1. 用示波器观察 RC 一阶电路零输入响应和零状态响应时，为什么激励必须是方波信号？

2. 已知 RC 一阶电路的 $R=10\text{k}\Omega$，$C=0.01\mu\text{F}$，试计算时间常数 τ，并根据 τ 值的物理意义，拟定测量 τ 的方案。

3. 在 RC 一阶电路中，当 R、C 的大小变化时，对电路的响应有何影响？

4. 何谓积分电路和微分电路，它们必须具备什么条件？它们在方波激励下，其输出信号波形的变化规律如何？这两种电路有何功能？

七、实验报告要求

1. 根据实验内容 1(1)观测结果，绘出 RC 一阶电路充放电时 u_C 与激励信号对应的变化曲线，由曲线测得 τ 值，并与参数值的理论计算结果作比较，分析误差原因。

2. 根据实验内容 2 观测结果，绘出积分电路、微分电路输出信号与输入信号对应的波形。

3. 回答思考题。

实验十三　二阶动态电路响应的研究

一、实验目的

1. 研究 RLC 二阶电路的零输入响应、零状态响应的规律和特点，了解电路参数对响应的影响。

2. 学习二阶电路衰减系数、振荡频率的测量方法，了解电路参数对它们的影响。

3. 观察、分析二阶电路响应的三种变化曲线及其特点，加深对二阶电路响应的认识与理解。

二、原理说明

1. 零状态响应。在图 2-13-1 所示 RLC 电路中，$u_C(0)=0$，在 $t=0$ 时开关 S 闭合，电压方程为：

$$LC\frac{\mathrm{d}^2u_C}{\mathrm{d}t}+RC\frac{\mathrm{d}u_C}{\mathrm{d}t}+u_C=u$$

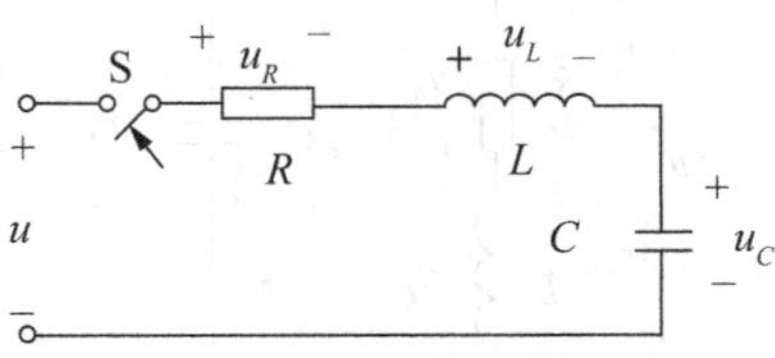

图 2-13-1

这是一个二阶常系数非齐次微分方程，该电路称为“二阶电路”，电源电压 u 为激励信号，电容器两端电压 u_C 为响应信号。根据微分方程理论，u_C 包含两个分量：暂态分量 u''_C 和稳态分量 u'_C，即 $u_C=u''_C+u'_C$，具体解与电路参数 R、L、C 有关。

当满足 $R<2\sqrt{\frac{L}{C}}$ 时：

$$u_C(t)=u''_C+u'_C=A\mathrm{e}^{-\delta t}\sin(\omega t+\varphi)+u$$

其中，衰减系数 $\delta=\frac{R}{2L}$，衰减时间常数 $\tau=\frac{1}{\delta}=\frac{2L}{R}$，振荡频率 $\omega=\sqrt{\frac{1}{LC}-\left(\frac{R}{2L}\right)^2}$，振荡周期 $T=\frac{1}{f}=\frac{2\pi}{\omega}$。

变化曲线如图 2-13-2(a)所示，u_C 的变化处在衰减振荡状态，由于电阻 R 比较小，又称为“欠阻尼状态”。

当满足 $R>2\sqrt{\frac{L}{C}}$ 时，u_C 的变化处在过阻尼状态，由于电阻 R 比较大，电路中的能量被电阻很快消耗掉，u_C 无法振荡，变化曲线如图 2-13-2(b)所示。

当满足 $R=2\sqrt{\dfrac{L}{C}}$ 时，u_C 的变化处在临界阻尼状态，变化曲线如图 2-13-2(c)所示。

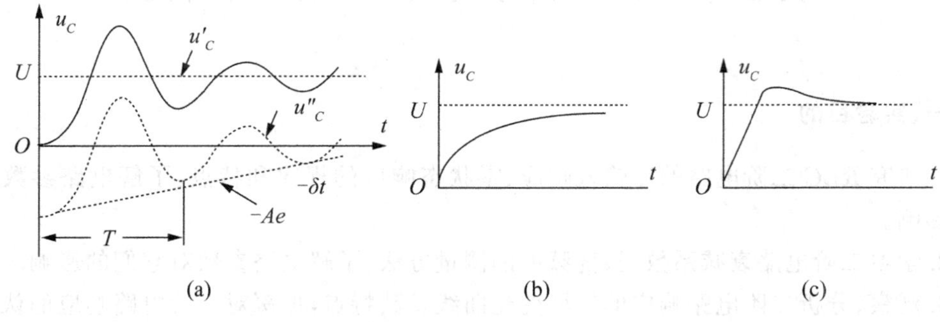

图 2-13-2

2. 零输入响应。在图 2-13-3 所示电路中，开关 S 与“1”端闭合，电路处于稳定状态，$u_C(0)=U$，在 $t=0$ 时开关 S 与“2”闭合，输入激励为零，电压方程为：

$$LC\frac{\mathrm{d}^2u_C}{\mathrm{d}t}+RC\frac{\mathrm{d}u_C}{\mathrm{d}t}+u_C=0$$

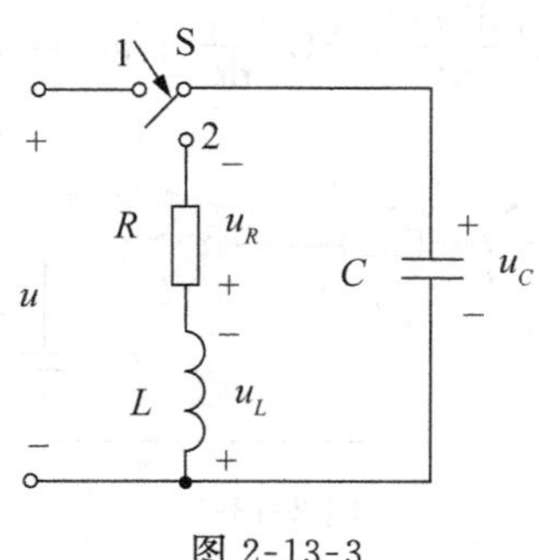

图 2-13-3

这是一个二阶常系数齐次微分方程，根据微分方程理论，u_C 只包含暂态分量 u''_C，稳态分量 u'_C 为零。和零状态响应一样，根据 R 与 $2\sqrt{\dfrac{L}{C}}$ 的大小关系，u_C 的变化规律分为衰减振荡(欠阻尼)、过阻尼和临界阻尼三种状态，它们的变化曲线与图 2-13-2 中的暂态分量 u''_C 类似，衰减系数、衰减时间常数、振荡频率与零状态响应完全一样。

本实验对 RCL 并联电路进行研究，激励采用方波脉冲，二阶电路在方波正负阶跃信号的激励下，可获得零状态与零输入响应，响应的规律与 RLC 串联电路相同。测量 u_C 衰减振荡的参数，如图 2-13-2(a)所示，用示波器测出振荡周期 T，便可计算出振荡频率 ω，按照衰减轨迹曲线，测量 $-0.368A$ 对应的时间 τ，便可计算出衰减系数 δ。

三、实验设备

1. 双踪示波器。
2. 信号源(方波输出)。
3. 电工综合实验台。

四、实验内容及步骤

实验电路如图 2-13-4 所示，其中，$R_1=10\text{k}\Omega$，$L=15\text{mH}$，$C=0.01\mu\text{F}$，R_2 为 $10\text{k}\Omega$ 电位器(可调电阻)，信号源的输出为最大值 $U_m=2\text{V}$、频率 $f=1\text{kHz}$ 的方波脉冲，通过插头接至实验电路的激励端，同时用同轴电缆将激励端和响应输出端接至双踪示波器的 Y_A 和 Y_B 两个输入口。

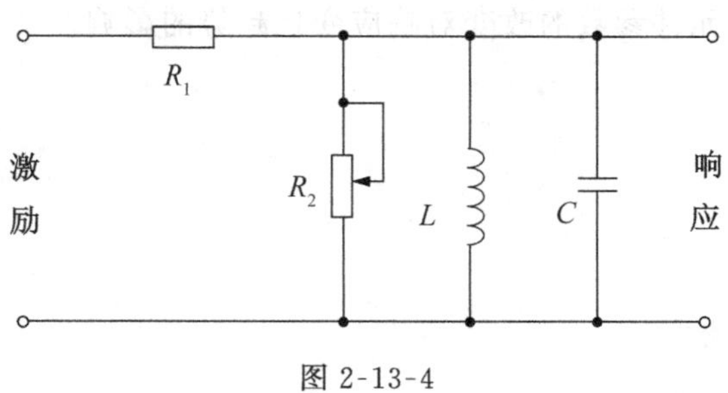

图 2-13-4

1. 调节电位器 R_2，观察二阶电路的零输入响应和零状态响应由过阻尼过渡到临界阻尼，最后过渡到欠阻尼的变化过渡过程，分别定性地描绘响应的典型变化波形。

2. 调节 R_2 使示波器荧光屏上呈现稳定的欠阻尼响应波形，定量测定此时电路的衰减系数 δ 和振荡频率 ω，并记入表 2-13-1 中。

3. 改变电路参数，按表 2-13-1 中的数据重复步骤 2 的测量，仔细观察改变电路参数时 δ 和 ω 的变化趋势，并将数据记入表 2-13-1 中。

表 2-13-1　　二阶电路暂态过程实验数据

实验次数 \ 电路参数	元件参数				测量值	
	R_1(kΩ)	R_2	L(mH)	C	δ	ω
1	10	调至欠阻尼状态	15	1000pF		
2	10		15	3300pF		
3	10		15	0.01μF		
4	30		15	0.01μF		

五、注意事项

1. 调节电位器 R_2 时，要细心、缓慢，临界阻尼状态要找准。

2. 在双踪示波器上同时观察激励信号和响应信号时，显示要稳定，如不同步，则可采用外同步法(看示波器说明)触发。

六、思考题

1. 什么是二阶电路的零状态响应和零输入响应？它们的变化规律和哪些因素有关？

2. 根据二阶电路实验电路元件的参数，计算处于临界阻尼状态的 R_2 值。

3. 在示波器荧光屏上，如何测得二阶电路零状态响应和零输入响应欠阻尼状态的衰减系数 δ 和振荡频率 ω?

七、实验报告要求

1. 根据观测结果，在方格纸上描绘二阶电路过阻尼、临界阻尼和欠阻尼的响应波形。
2. 测算欠阻尼振荡曲线上的衰减系数 δ、衰减时间常数 τ、振荡周期 T 和振荡频率 ω。
3. 归纳、总结电路元件参数的改变对响应变化趋势的影响。
4. 回答思考题。

实验十四 R、L、C 元件阻抗特性的测定

一、实验目的

1. 研究电阻、感抗、容抗与频率的关系，测定它们随频率变化的特性曲线。
2. 学会测定交流电路频率特性的方法。
3. 了解滤波器的原理和基本电路。
4. 学习使用信号源和频率计。

二、原理说明

1. 单个元件阻抗与频率的关系。

对于电阻元件，根据$\dfrac{\dot{U}_R}{\dot{I}_R}=R\angle 0°$，其中$\dfrac{\dot{U}_R}{\dot{I}_R}=R$，电阻 R 与频率无关；

对于电感元件，根据$\dfrac{\dot{U}_L}{\dot{I}_L}=\mathrm{j}X_L$，其中$\dfrac{\dot{U}_L}{\dot{I}_L}=X_L=2\pi fL$，感抗 X_L 与频率成正比；

对于电容元件，根据$\dfrac{\dot{U}_C}{\dot{I}_C}=-\mathrm{j}X_C$，其中$\dfrac{\dot{U}_C}{\dot{I}_C}=X_C=\dfrac{1}{2\pi fC}$，容抗 X_C 与频率成反比。

测量元件阻抗频率特性的电路如图 2-14-1 所示，r 是提供测量回路电流用的标准电阻，流过被测元件的电流（i_R、i_L、i_C）则可由 r 两端的电压 u_r 除以 r 的阻值所得。又根据上述三个公式，用被测元件的电流除对应的元件电压，便可得到 R、X_L 和 X_C 的数值。

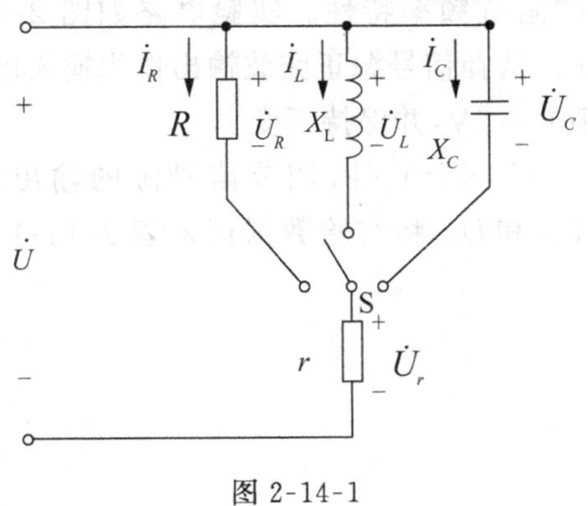

图 2-14-1

2. 交流电路的频率特性。由于交流电路中感抗 X_L 和容抗 X_C 均与频率有关，因而，输入电压（或称激励信号）在大小不变的情况下，改变频率的大小，电路电流和各元件电压（或称响应信号）也会发生变化。这种电路响应随激励频率变化的特性称为“频率特性”。

若电路的激励信号为 $E_x(\mathrm{j}\omega)$，响应信号为 $E_c(\mathrm{j}\omega)$，则频率特性函数为：

$$H(j\omega)=\frac{E_e(j\omega)}{E_x(j\omega)}=A(\omega)\angle\varphi(\omega)$$

式中：$A(\omega)$为响应信号与激励信号的大小之比，是 ω 的函数，称为“幅频特性”；

$\varphi(\omega)$为响应信号与激励信号的相位差角，也是 ω 的函数，称为“相频特性”。

在本实验中，研究几个典型电路的幅频特性，如图 2-14-2 所示。图(a)高频时有响应(即有输出)，称为“高通滤波器”。图(b)在低频时有响应(即有输出)，称为“低通滤波器”。图中对应 $A=0.707$ 的频率 f_C 称为“截止频率”，在本实验中用 RC 网络组成的高通滤波器和低通滤波器，它们的截止频率 f_C 均为$\frac{1}{2\pi RC}$。图(c)在一个频带范围内有响应(即有输出)，称为“带通滤波器”，图中 f_{C_1} 称为“下限截止频率”，f_{C_2} 称为“上限截止频率”。

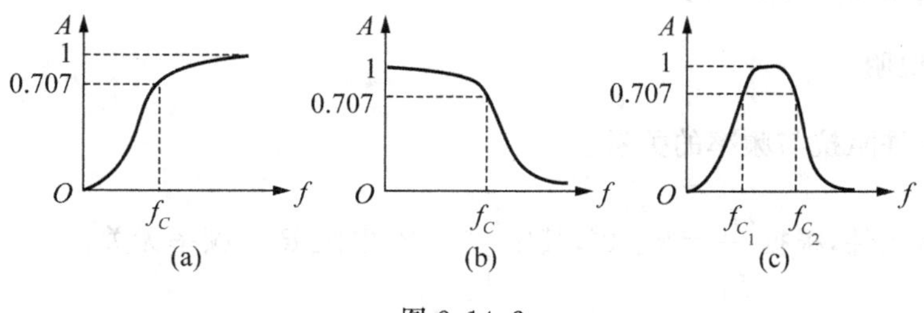

图 2-14-2

三、实验设备

1. 信号源。
2. 交流数字毫伏表。
3. 电工综合实验台。

四、实验内容

1. 测量 R、L、C 元件的阻抗频率特性。实验电路如图 2-14-1 所示，$r=100\Omega$，$R=1\text{k}\Omega$，$L=9\text{mH}$，$C=0.01\mu\text{F}$。选择信号源正弦波输出作为输入电压，调节信号源输出电压幅值，使输入电压的有效值 $U=2\text{V}$，并保持不变。

用导线分别接通 R、L、C 三个元件，调节信号源的输出频率，从 1kHz 逐渐增至 20kHz，分别测量 U_R、U_L、U_C 和 U_r，将实验数据记入表 2-14-1 中，并通过计算得到各频率点的 R、X_L 和 X_C。

表 2-14-1　　R、L、C 元件的阻抗频率特性实验数据

频率 f(kHz)		1	2	5	10	15	20
R(kΩ)	U_r(V)						
	I_R(mA)$=\frac{U_r}{r}$						
	U_R(V)						
	$R=\frac{U_R}{I_R}$						
X_L(kΩ)	U_r(V)						
	I_L(mA)$=\frac{U_r}{r}$						
	U_L(V)						
	$X_L=\frac{U_L}{I_L}$						
X_C(kΩ)	U_r(V)						
	I_C(mA)$=\frac{U_r}{r}$						
	U_C(V)						
	$X_C=\frac{U_C}{I_C}$						

2. 高通滤波器频率特性。实验电路如图 2-14-3 所示，$R=2\text{k}\Omega$，$C=0.01\mu\text{F}$。用信号源输出正弦波电压作为电路的激励信号(即输入电压)u_i，调节信号源正弦波输出电压幅值，使激励信号 u_i 的有效值 $u_i=2\text{V}$，并保持不变。调节信号源的输出频率，从 1kHz 逐渐增至 20kHz(用频率计测量)，测量响应信号(即输出电压)u_R，将实验数据记入表 2-14-2 中。

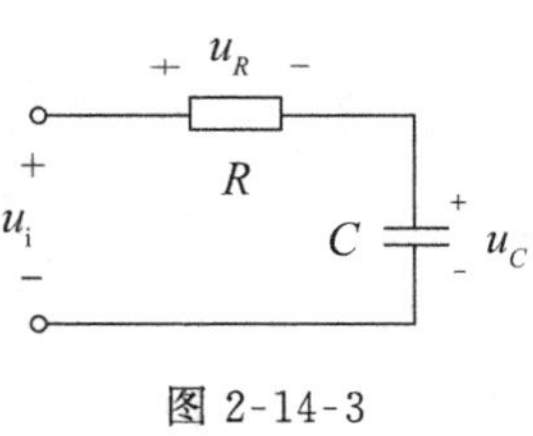

图 2-14-3

表 2-14-2　　频率特性实验数据

f(kHz)	1	3	6	8	10	15	20
u_R(V)							
u_C(V)							
u_O(V)							

3. 低通滤波器频率特性。实验电路和步骤同实验内容 2，只是响应信号(即输出电压)取自电容器两端电压 u_C，将实验数据记入表 2-14-2 中。

4. 带通滤波器频率特性。实验电路如图 2-14-4 所示，$R=1\text{k}\Omega$，$L=10\text{mH}$，$C=0.1\mu\text{F}$。实验步骤同实验内容 2，响应信号(即输出电压)取自电阻两端电压 u_o，将实验数据记入表 2-14-2 中。

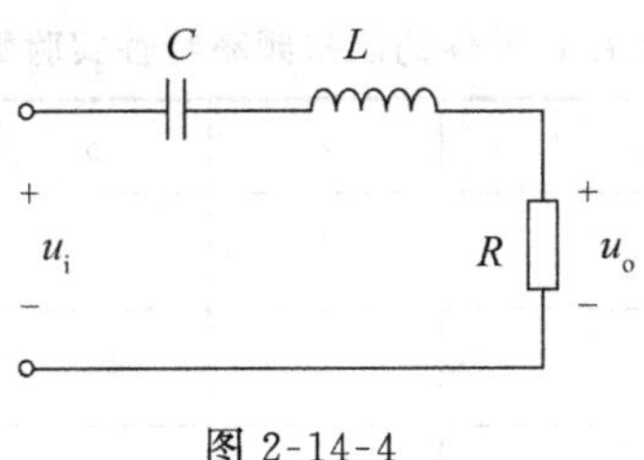

图 2-14-4

五、思考题

1. 电阻 R、感抗 X_L 和容抗 X_C 的大小和频率有何关系？

2. 什么是频率特性？高通滤波器、低通滤波器和带通滤波器的幅频特性有何特点？如何测量？

六、实验报告要求

1. 在坐标纸上绘制 R、L、C 三个元件的阻抗特性曲线。

2. 回答思考题。

实验十五　RC 串、并联选频网络特性的测试

一、实验目的

1. 研究 RC 串、并联电路及 RC 双 T 电路的频率特性。
2. 学会用示波器测定 RC 网络的幅频特性和相频特性。
3. 熟悉文氏电桥电路的结构特点及选频特性。

二、原理说明

如图 2-15-1 所示，RC 串、并联电路的频率特性为：

$$H(\mathrm{j}\omega)=\frac{u_o}{u_i}=\frac{1}{3+\mathrm{j}\left(\omega RC-\frac{1}{\omega RC}\right)}$$

其中幅频特性为：

$$A(\omega)=\frac{u_o}{u_i}=\frac{1}{\sqrt{3^2+\left(\omega RC-\frac{1}{\omega RC}\right)^2}}$$

相频特性为：

$$\varphi(\omega)=\varphi_o-\varphi_i=-\arctan\frac{\omega RC-\frac{1}{\omega RC}}{3}$$

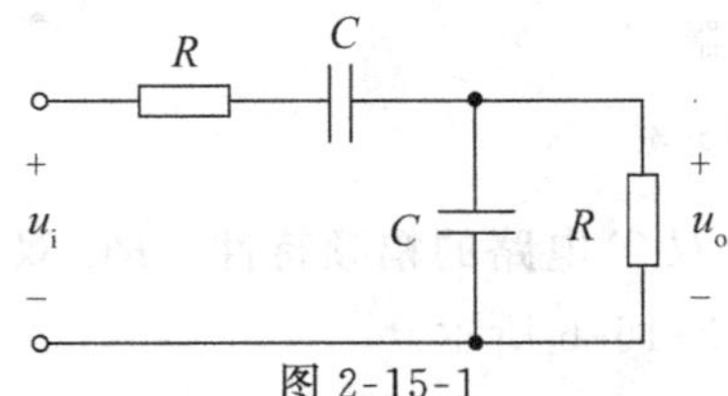

图 2-15-1

幅频特性和相频特性曲线如图 2-15-2 所示，幅频特性呈带通特性。

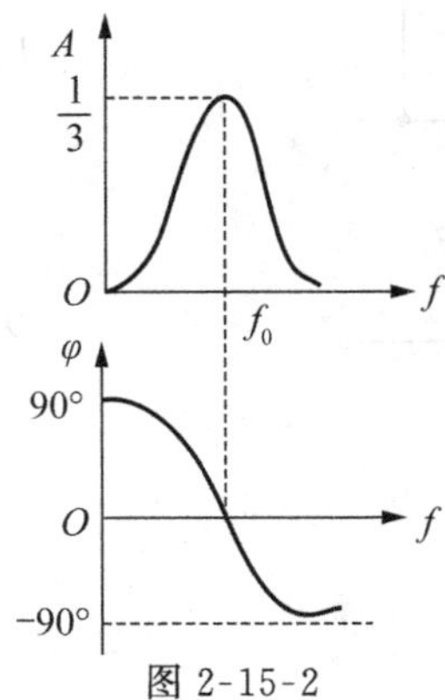

图 2-15-2

当角频率 $\omega=\frac{1}{RC}$时，$A(\omega)=\frac{1}{3}$，$\varphi(\omega)=0°$。u_o 与 u_i 同相，即电路发生谐振，谐振频率 $f_0=\frac{1}{2\pi RC}$。也就是说，当信号频率为 f_0 时，RC 串、并联电路的输出电压 u_o 与输入电压 u_i 同相，其大小是输入电压的三分之一，这一特性称为 RC 串、并联电路的“选频特性”，该电路称为“文氏电桥”。

测量频率特性用逐点描绘法，图 2-15-3 为用双踪示波器测量 RC 网络频率特性的测试图。

测量幅频特性：保持信号源输出电压（即 RC 网络输入电压）u_i 恒定，改变频率 f，并测量对应的 RC 网络输出电压 u_o，计算出它们的比值 $A=\frac{u_o}{u_i}$，然后逐点描绘出幅频特性。

测量相频特性：保持信号源输出电压（即 RC 网络输入电压）u_i 恒定，改变频率 f，用双踪示波器观察 u_o 与 u_i 波形，如图 2-15-4 所示。若两个波形的延时为 Δt，周期为 T，则它们的相位差 $\varphi=\frac{\Delta t}{T}\times 360°$，然后逐点描绘出相频特性。

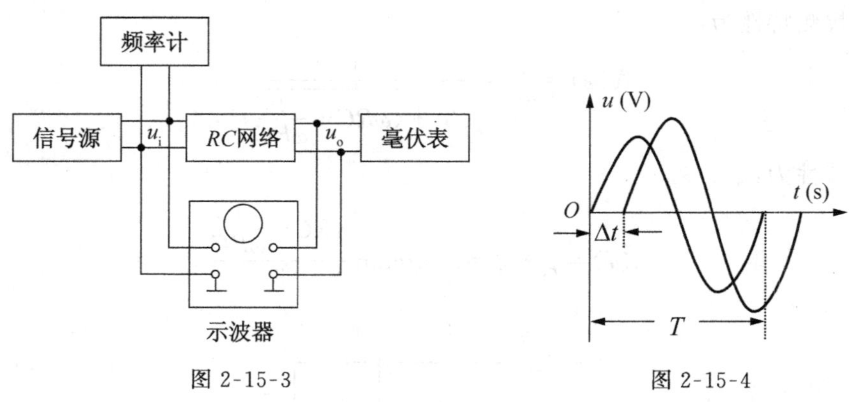

图 2-15-3　　图 2-15-4

用同样方法可以测量 RC 双 T 电路的幅频特性。RC 双 T 电路如图 2-15-5 所示，其幅频特性具有带阻特性，如图 2-15-6 所示。

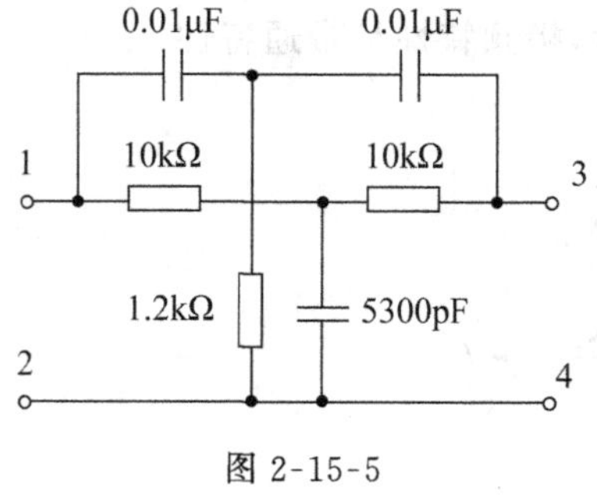

图 2-15-5

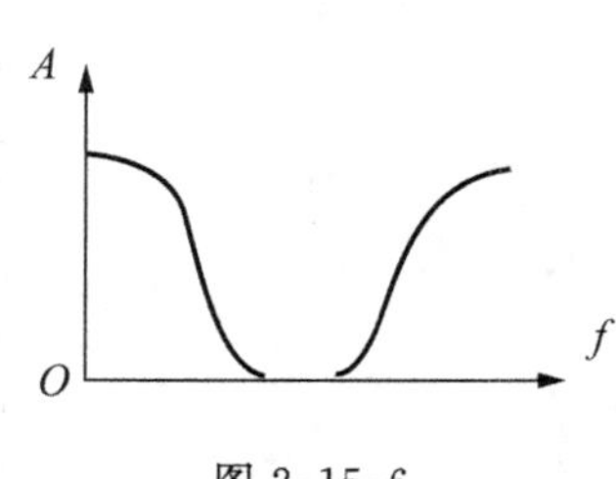

图 2-15-6

三、实验设备

1. 信号源。
2. 双踪示波器。
3. 电工综合实验台。

四、实验内容

1. 测量 RC 串、并联电路的幅频特性。实验电路如图 2-15-3 所示，其中，RC 网络的参数选择为：$R=200\Omega$，$C=2.2\mu F$，信号源输出正弦波电压作为电路的输入电压 u_i，调节信号源输出电压幅值，使 $U_i=2V$。

改变信号源正弦波输出电压的频率 f（由频率计读得），并保持 $U_i=2V$ 不变，测量输出电压 U_o（可先测量 $A=\frac{1}{3}$ 时的频率 f_0，然后再在 f_0 左右选几个频率点，测量 U_o），将数据记入表 2-15-1 中。

在图 2-15-3 的 RC 网络中，选取另一组参数：$R=2k\Omega$，$C=0.1\mu F$，重复上述测量，将数据记入表 2-15-1 中。

表 2-15-1　幅频特性数据

$R=2k\Omega$ $C=0.1\mu F$	f(Hz)								
	U_o(V)								
$R=200\Omega$ $C=2.2\mu F$	f(Hz)								
	U_o(V)								

2. 测量 RC 串、并联电路的相频特性。实验电路如图 2-15-3 所示，按实验原理中测量相频特性的说明，实验步骤同实验内容 1，将实验数据记入表 2-15-2 中。

3. 测定 RC 双 T 电路的幅频特性。实验电路如图 2-15-3 所示，其中 RC 网络按图 2-15-5 连接，实验步骤同实验内容 1，将实验数据记入自拟的数据表格中。

表 2-15-2　相频特性数据

$R=200\Omega$ $C=2.2\mu F$	f(Hz)								
	T(ms)								
	Δt(ms)								
	φ								
$R=2k\Omega$ $C=0.1\mu F$	f(Hz)								
	T(ms)								
	Δt(ms)								
	φ								

五、注意事项

由于信号源内阻的影响，注意在调节输出电压频率时，应同时调节输出电压大小，使实验电路的输入电压保持不变。

六、思考题

1. 根据电路参数，估算 RC 串、并联电路两组参数时的谐振频率。
2. 推导 RC 串、并联电路的幅频、相频特性的数学表达式。
3. 什么是 RC 串、并联电路的选频特性？当频率等于谐振频率时，电路的输出、输入有何关系？
4. 试定性分析 RC 双 T 电路的幅频特性。

七、实验报告要求

1. 根据表 2-15-1 和表 2-15-2 的实验数据，绘制 RC 串、并联电路的两组幅频特性和相频特性曲线，找出谐振频率和幅频特性的最大值，并与理论计算值比较。
2. 设计一个谐振频率为 1kHz 的文氏电桥电路，说明它的选频特性。
3. 根据实验内容 3 的实验数据，绘制 RC 双 T 电路的幅频特性，并说明幅频特性的特点。

实验十六　RLC 串联谐振电路的研究

一、实验目的

1. 加深理解电路发生谐振的条件、特点，掌握电路品质因数（电路 Q 值）、通频带的物理意义及其测定方法。

2. 学习用实验方法绘制 RLC 串联电路不同 Q 值下的幅频特性曲线。

3. 熟练使用信号源。

二、原理说明

在图 2-16-1 所示的 RLC 串联电路中，电路复阻抗 $Z=R+\mathrm{j}(\omega L-\frac{1}{\omega C})$。

当 $\omega L=\frac{1}{\omega C}$ 时，$Z=R$，u 与 i 同相，电路发生串联谐振，谐振角频率 $\omega_0=\frac{1}{\sqrt{LC}}$，谐振频率 $f_0=\frac{1}{2\pi\sqrt{LC}}$。

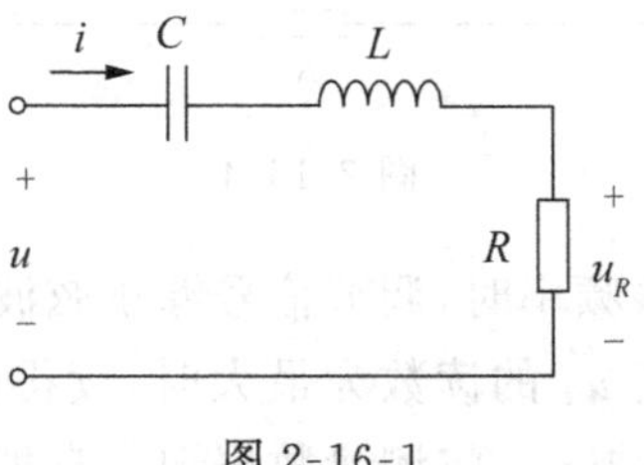

图 2-16-1

在图 2-16-1 所示电路中，若 u 为激励信号，u_R 为响应信号，其幅频特性曲线如图 2-16-2 所示。$f=f_0$ 时，$A=1$，$u_R=u$；$f\neq f_0$ 时，$u_R<u$，呈带通特性。$A=0.707$，即 $u_R=0.707U$ 所对应的两个频率 f_L 和 f_H 为下限频率和上限频率，f_H-f_L 为通频带。通频带的宽窄与电阻 R 有关，不同电阻值的幅频特性曲线如图 2-16-3 所示。

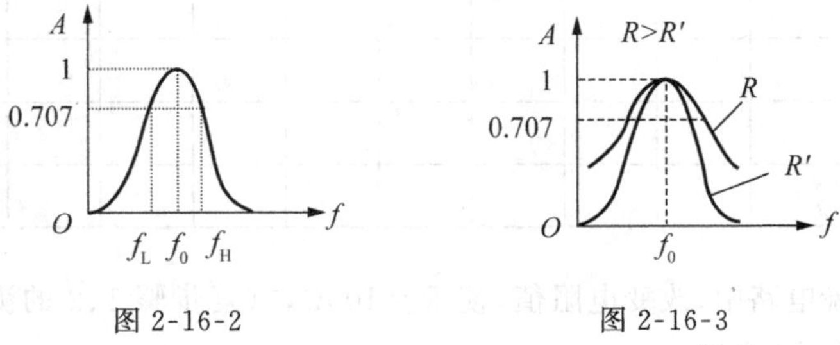

图 2-16-2　　图 2-16-3

电路发生串联谐振时，$u_R=u$，$u_L=u_C=Qu$，Q 称为"品质因数"，与电路的参数 R、L、C 有关。Q 值越大，幅频特性曲线越尖锐，通频带越窄，电路的选择性越好。在恒压源供电时，电路的品质因数、选择性与通频带只取决于电路本身的参数，而与信号源无关。在本实验中，测量不同频率下的电压 u、u_R、u_L、u_C，绘制 R、L、C 串联电路的幅频特性曲线，并根据 $\Delta f=f_H-f_L$ 计算出通频带，根据 $Q=\frac{u_L}{u}=\frac{u_C}{u}$ 或 $Q=\frac{f_0}{f_H-f_L}$ 计算出品质因数。

三、实验设备

1. 信号源。
2. 双踪示波器。
3. 电工综合实验台。

四、实验内容

1. 按图 2-16-4 组成监视、测量电路。测电压时，令其输出有效值为 1V，并保持不变。$L=9\text{mH}$，$R=51\Omega$，$C=0.033\mu\text{F}$。

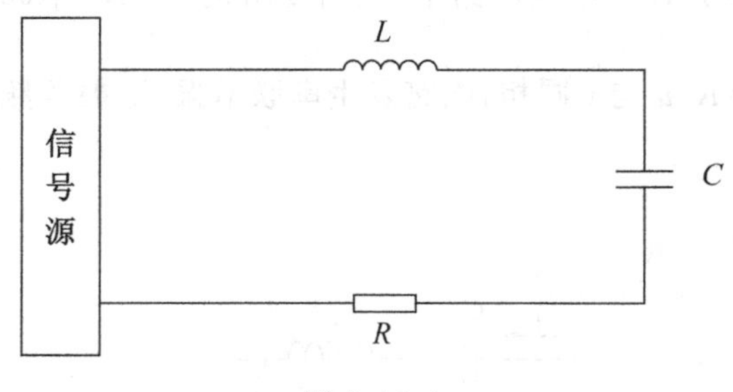

图 2-16-4

2. 测量 RLC 串联电路谐振频率时，调节信号源正弦波输出电压频率，由小逐渐变大，并测量电阻 R 两端电压 u_R。当 u_R 的读数为最大时，读得信号源上的频率值即为电路的谐振频率 f_0，并测量此时的 u_C 与 u_L，将测量数据记入自拟的数据表格中。

3. 测量 RLC 串联电路的幅频特性。在上述实验电路的谐振点两侧，调节信号源正弦波输出频率，按频率递增或递减 500Hz，依次各取 7 个测量点，逐点测出 u_R、u_L 和 u_C 的值，记入表 2-16-1 中。

表 2-16-1　　幅频特性实验数据一

f(kHz)												
U_R(V)												
U_L(V)												
U_C(V)												

4. 在上述实验电路中，改变电阻值，使 $R=100\Omega$，重复步骤 1、2 的测量过程，将幅频特性数据记入表 2-16-2 中。

表 2-16-2 幅频特性实验数据二

f(kHz)													
U_R(V)													
U_L(V)													
U_C(V)													

五、注意事项

应在靠近谐振频率附近多取几个测试频率点。在改变频率时,应调整信号输出电压,使其维持在 1V 不变。

六、思考题

1. 根据实验内容 1、3 的元件参数值,估算电路的谐振频率,自拟测量谐振频率的数据表格。
2. 改变电路的哪些参数可以使电路发生谐振?电路中 R 的数值是否影响谐振频率?
3. 如何判别电路是否发生谐振?测试谐振点的方案有哪些?
4. 电路发生串联谐振时,为什么输入电压不能太大?如果信号源给出 1V 的电压,电路谐振时,测 U_L 和 U_C 时应该选择用多大的量限,为什么?
5. 要提高 RLC 串联电路的品质因数,电路参数应如何改变?

七、实验报告要求

1. 根据测量数据,绘出不同 Q 值的三条幅频特性曲线。

$$u_R=f(f),u_L=f(f),u_C=f(f)$$

2. 计算出通频带与 Q 值,说明不同 R 值对电路通频带与品质因数的影响。
3. 对两种不同的测 Q 值的方法进行比较,分析误差原因。
4. 回答思考题。

实验十七　交流电路等效参数的测量

一、实验目的

1. 学会使用交流数字仪表(电压表、电流表、功率表)和自耦调压器。
2. 学习用交流数字仪表测量交流电路的电压、电流和功率。
3. 学会用交流数字仪表测定交流电路参数的方法。
4. 加深对阻抗、阻抗角及相位差等概念的理解。

二、原理说明

正弦交流电路中各个元件的参数值,可以用交流电压表、交流电流表及功率表分别测量出元件两端的电压 U、流过该元件的电流 I 和它所消耗的功率 P,然后通过计算得到所求的各值,这种方法称为“三表法”,是用来测量 50Hz 交流电路参数的基本方法。计算的基本公式为:

电阻元件的电阻:$R=\frac{u_R}{I}$或$R=\frac{P}{I^2}$。

电感元件的感抗:$X_L=\frac{u_L}{I}$,电感:$L=\frac{X_L}{2\pi f}$。

电容元件的容抗:$X_C=\frac{u_C}{I}$,电容:$C=\frac{1}{2\pi f X_C}$。

串联电路复阻抗的模:$|Z|=\frac{u}{I}$,阻抗角:$\varphi=\arctan\frac{X}{R}$,其中等效电阻 $R=\frac{P}{I^2}$,等效电抗 $X=\sqrt{|Z|^2-R^2}$。

本实验电阻元件为白炽灯(非线性电阻)。电感线圈为镇流器,由于镇流器线圈的金属导线具有一定电阻,因而,镇流器可以由电感器和电阻相串联来表示。电容器一般可认为是理想的电容元件。

在 RLC 串联电路中,各元件电压之间存在相位差,电源电压应等于各元件电压的相量和,而不能用它们的有效值直接相加。

三、实验设备

1. 交流电压表、交流电流表、功率表、功率因数表。
2. 自耦调压器(输出可调的交流电压)。
3. 30W 镇流器,400V、4.3μF 电容器,电流插头,25W、220V 白炽灯。
4. 电工综合实验台。

四、实验内容

实验电路如图 2-17-1 所示,交流电源经自耦调压器调压后向负载 Z 供电。

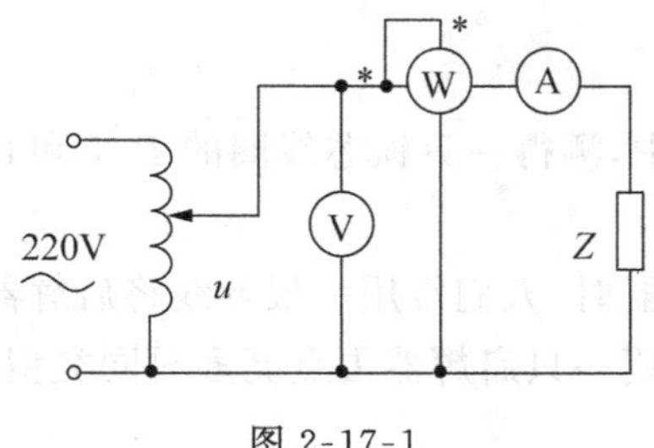

图 2-17-1

1. 测量白炽灯的电阻。图 2-17-1 电路中的 Z 为一个 25W、220V 的白炽灯，用自耦调压器调压，使电压为 220V(用电压表测量)，并测量电流和功率，记录数据。

将电压调到 110V，重复上述步骤。

2. 测量电容器的容抗。将图 2-17-1 电路中的 Z 换为 4.3μF 的电容器(改接电路时必须断开交流电源)，将电压调到 220V，测量电压、电流和功率，记录数据。

将电容器换为 0.47μF 的，重复上述步骤。

3. 测量镇流器的参数。将图 2-17-1 电路中的 Z 换为镇流器，将电压分别调到 180V 和 90V，测量电压、电流和功率，记录数据。

4. 测量日光灯电路。日光灯电路如图 2-17-2 所示，用该电路取代图 2-17-1 电路中的 Z，将电压调到 220V，测量日光灯管两端电压 U_R、镇流器电压 U_{RL}、总电压 U 以及电流和功率，并记录数据。

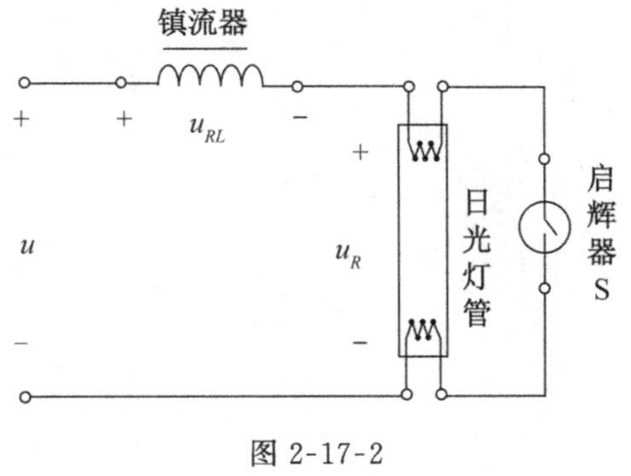

图 2-17-2

五、注意事项

1. 通常功率表不单独使用，要有电压表和电流表监测，使电压表和电流表的读数不超过功率表电压和电流的量限。

2. 注意功率表的正确接线，通电前必须经指导教师检查。

3. 自耦调压器在接通电源前，应将其手柄置于零位上。调节时，使其输出电压从零开始逐渐升高。每次改接实验负载或实验完毕，都必须先将其旋柄慢慢调回零位，再断电源。必须严格遵守这一安全操作规程。

六、思考题

1. 在 50Hz 的交流电路中，测得一只铁芯线圈的 P、I 和 U，如何求得它的电阻值及电感量？

2. 当日光灯上缺少启辉器时，人们常用一根导线将启辉器插座的两端短接一下，然后迅速断开，使日光灯点亮；或用一只启辉器去点亮多只同类型的日光灯，这是为什么？

七、实验报告要求

1. 自拟实验所需的全部表格。
2. 根据实验内容 1 的数据，计算白炽灯在不同电压下的电阻值。
3. 根据实验内容 2 的数据，计算电容器的容抗和电容值。
4. 根据实验内容 3 的数据，计算镇流器的参数(电阻 R 和电感 L)。
5. 根据实验内容 4 的数据，计算日光灯的电阻值，画出各个电压和电流的相量图，说明各个电压之间的关系。
6. 回答思考题。

实验十八 正弦稳态交流电路相量的研究

一、实验目的

1. 研究正弦稳态交流电路中电压、电流相量之间的关系。
2. 掌握 RC 串联电路的相量轨迹及其作移相器的应用。
3. 掌握日光灯线路的接线。
4. 理解改善电路功率因数的意义并掌握其方法。

二、原理说明

1. 在单相正弦交流电路中，用交流电流表测得各支路中的电流值，用交流电压表测得回路各元件两端的电压值，它们之间的关系满足相量形式的基尔霍夫定律，即：

$$\sum \dot{I} = 0 \text{ 和 } \sum \dot{U} = 0$$

2. 图 2-18-1 所示为 RC 串联电路，在正弦稳态信号 u 的激励下，u_R 与 u_C 保持 90°的相位差，即当阻值 R 改变时，u_R 的相量轨迹是一个半圆，u、u_C 与 u_R 三者形成一个直角的电压三角形。R 值改变时，可改变 φ 角的大小，从而达到移相的目的。

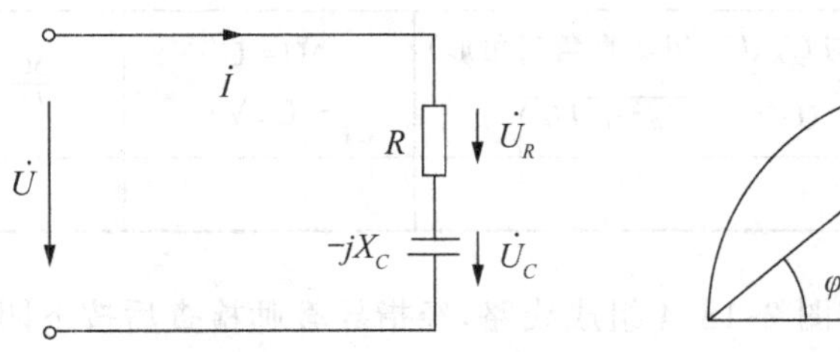

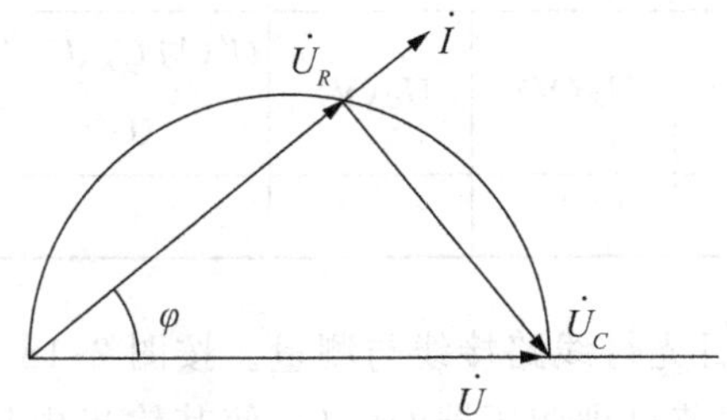

图 2-18-1

3. 日光灯线路如图 2-18-2 所示，A 是日光灯管，L 是镇流器，S 是启辉器，C 是补偿电容器，用以改善电路的功率因数($\cos\varphi$ 值)。

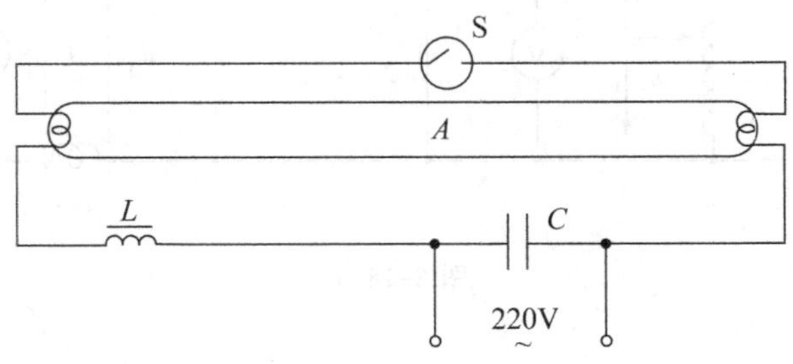

图 2-18-2

三、实验设备

1. 交流电压表、交流电流表、功率表、功率因数表。
2. 调压器。
3. 30W 镇流器，400V、4.3μF 电容器，电流插头，25W、220V 白炽灯。
4. 电工综合实验台。

四、实验内容

1. 用一个 220V、25W 的白炽灯和电容器组成如图 2-18-3 所示的实验电路，按下闭合按钮开关，调节调压器至 220V，验证电压三角形关系，并将数值填入表 2-18-1 中。

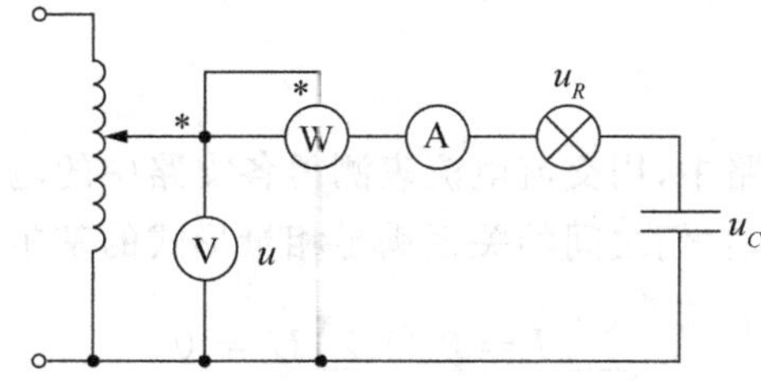

图 2-18-3

表 2-18-1　验证电压三角形数据

测　量　值			计　算　值		
U(V)	U_R(V)	U_C(V)	U'(与 U_R、U_C 组成直角三角形)($U'=\sqrt{U_R{}^2+U_C^2}$)	$\Delta U=U'-U$(V)	$\frac{\Delta U}{U}$(%)

2. 日光灯线路接线与测量。按图 2-18-4 组成线路，经指导教师检查后按下闭合按钮开关，调节自耦调压器的输出，使其输出电压缓慢增大，将电压调至 220V，测量 P、I、U、U_L、U_A 等值，验证电压、电流的相量关系，并将数据填入表 2-18-2 中。

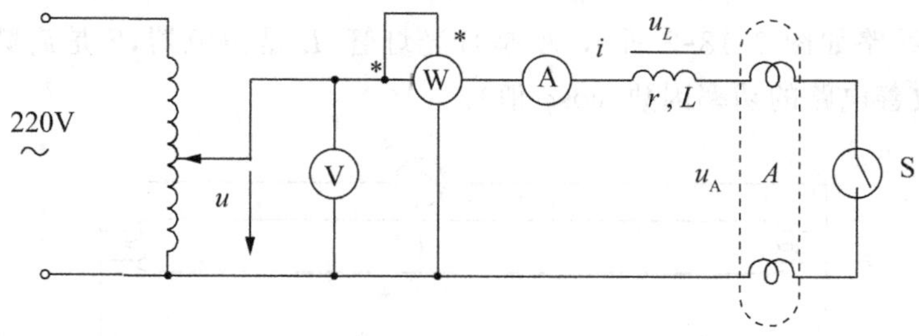

图 2-18-4

表 2-18-2　　验证电压、电流相量关系数据

测量数值					计算值	
P(W)	I(A)	U(V)	U_L(V)	U_A(V)	$\cos\varphi$	$r(\Omega)$

3. 并联电路——电路功率因数的改善。按图 2-18-5 组成实验线路并检查后，按下电源开关，调节自耦调压器的输出为 220V，记录功率表、电压表读数，通过一只电流表和三个电流插座分别测得三条支路的电流，改变电容值($C_1=1\mu F$，$C_2=2.2\mu F$，$C_3=4.3\mu F$)，进行三次重复测量。

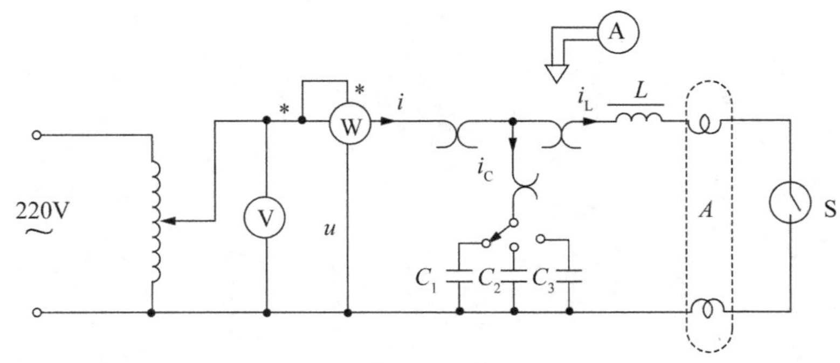

图 2-18-5

表 2-18-3　　改善功率因数数据

电容值 (μF)	测量数值								计算值
	P(W)	U(V)	U_C(V)	U_L(V)	U_A(V)	I(A)	I_C(A)	I_L(A)	$\cos\varphi$
1									
2.2									
4.3									

五、注意事项

1. 功率表要正确接入电路，读数时要注意量程和实际读数的折算关系。
2. 线路接线正确，日光灯不能启辉时，应检查启辉器及其接触是否良好。
3. 开关闭合前，必须确定交流调压器输出电压为零(即调压器逆时针旋到底)。

六、思考题

1. 为了提高电路的功率因数，常在感性负载上并联电容器，此时增加了一条电流支路，试问电路的总电流是增大还是减小了，此时感性元件上的电流和功率是否改变？

2. 提高线路功率因数为什么只采用并联电容器法，而不采用串联法？所并的电容器是否越大越好？

七、实验报告要求

1. 完成数据表格中的计算，进行必要的误差分析。
2. 根据实验数据，分别绘出电压、电流相量图，验证相量形式的基尔霍夫定律。
3. 讨论改善电路功率因数的意义和方法。

实验十九　互感线圈电路的研究

一、实验目的

1. 学会测定互感线圈同名端、互感系数以及耦合系数的方法。
2. 理解两个线圈相对位置的改变以及线圈条用不同导磁材料时，对互感系数的影响。

二、原理说明

一个线圈因另一个线圈中的电流变化而产生感应电动势的现象称为“互感现象”，这两个线圈称为“互感线圈”。用互感系数（简称“互感”）M 来衡量互感线圈的这种性能。互感系数的大小除与两线圈的几何尺寸、形状、匝数及导磁材料的导磁性能有关，还与两线圈的相对位置有关。

1. 判断互感线圈同名端的方法。如图 2-19-1 所示，将两个绕组 N_1 和 N_2 的任意两端（如 2、4 端）连接在一起，在其中的一个绕组（如 N_1）两端加一个低电压，用交流电压表分别测出端电压 U_{13}、U_{12} 和 U_{34}。若 U_{13} 是两个绕组端压之差，则 1、3 是同名端；若 U_{13} 是两绕组端压之和，则 1、4 是同名端。

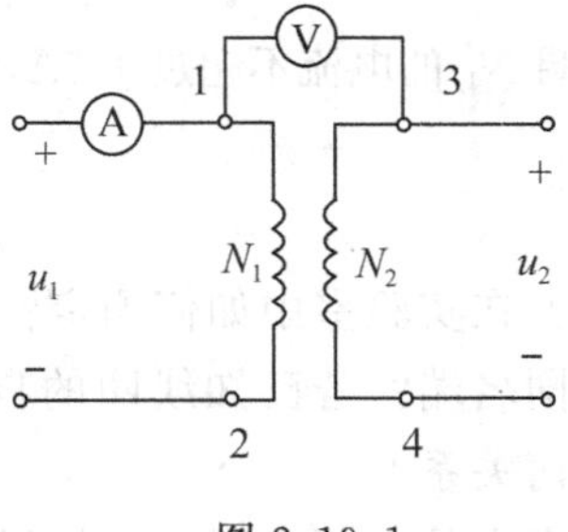

图 2-19-1

2. 两线圈互感系数 M 的测定。在图 2-19-1 所示电路中，互感线圈的 N_1 侧施加低压交流电压 u_1，测出 I_1 及 U_2。根据互感电势 $E_{2M}\approx u_2=\omega Mi_1$，可算得互感系数为：

$$M=\frac{u_2}{\omega i_1}$$

3. 耦合系数 K 的测定。两个互感线圈耦合松紧的程度可用耦合系数 K 来表示：

$$K=\frac{M}{\sqrt{L_1L_2}}$$

其中，L_1 为 N_1 线圈的自感系数，L_2 为 N_2 线圈的自感系数。它们的测定方法如下：先在 N_1 侧加低压交流电压 u_1，测出 N_2 侧开路时的电流 I_1；然后再在 N_2 侧加电压 u_2，测出 N_1 侧开路时的电流 I_2，根据自感电势 $E_L\approx u=\omega Li$，可分别求出自感系数 L_1 和 L_2。当已知互感系数 M 时，便可算得 K 值。

三、实验设备

1. 直流电压表、直流电流表。

2. 交流电压表、交流电流表、功率表、功率因数表。

3. 互感线圈。

4. 十进制变阻器、电容器、电阻、电感器、电位器、灯负载。

5. 电工综合实验台。

四、实验内容

1. 测定互感线圈的同名端。如图 2-19-1 所示，将两个绕组 N_1 和 N_2 的任意两端（如 2、4 端）连接在一起，在其中的一个绕组（如 N_1）两端加一个低电压，用交流电压表分别测出端电压 U_{13}、U_{12} 和 U_{34}。若 U_{13} 是两个绕组端压之差，则 1、3 是同名端；若 U_{13} 是两绕组端压之和，则 1、4 是同名端。

2. 测定两线圈的互感系数 M。在图 2-19-1 电路中，互感线圈的 N_2 开路，N_1 侧施加 8V 左右的交流电压 u_1，测出并记录 U_1、I_1、U_2。

3. 测定两线圈的耦合系数 K。在图 2-19-1 所示电路中，N_1 开路，互感线圈的 N_2 侧施加 8V 左右的交流电压 u_2，测出并记录 U_2、I_2、U_1。

五、注意事项

整个实验过程中，注意流过线圈 N_1 的电流不超过 1.5A，流过线圈 N_2 的电流不超过 1A。

六、思考题

1. 什么是自感？什么是互感？在实验室中如何测定？

2. 如何判断两个互感线圈的同名端？若已知线圈的自感系数和互感系数，两个互感线圈相串联的总电感与同名端有何关系？

3. 互感系数的大小与哪些因素有关？各个因素如何影响互感系数的大小？

七、实验报告要求

1. 根据实验内容 1 的现象，总结测定互感线圈同名端的方法，并回答思考题 2。

2. 根据实验内容 2 的数据，计算互感系数 M。

3. 根据实验内容 2、3 的数据，计算耦合系数 K。

实验二十　单相变压器特性的测试

一、实验目的

1. 通过空载和短路实验测定变压器的变比和参数。
2. 通过负载实验测取变压器的运行特性。

二、原理说明

1. 图 2-20-1 为测试变压器参数的电路。由各仪表读得变压器原边(AX,低压侧)的 U_1、I_1、P_1 及副边(ax,高压侧)的 U_2、I_2,并用万用表 $R\times1$ 挡测出原、副绕组的电阻 R_1 和 R_2,即可算得变压器的以下各项参数值:

电压比 $K_u=\frac{u_1}{u_2}$,　　电流比 $K_i=\frac{i_2}{i_1}$,

原边阻抗 $Z_1=\frac{u_1}{i_1}$,　　副边阻抗 $Z_2=\frac{u_2}{i_2}$,

阻抗比$=\frac{Z_1}{Z_2}$,　　负载功率 $P_2=u_2i_2\cos\varphi_2$,

损耗功率 $P_0=P_1-P_2$,

功率因数$=\frac{P_1}{u_1I_1}$,　　原边线圈铜耗 $P_{Cu1}=i_1^2R_1$,

副边线圈铜耗 $P_{Cu2}=i_2^2R_2$,　　铁耗 $P_{Fe}=P_0-(P_{Cu1}+P_{Cu2})$。

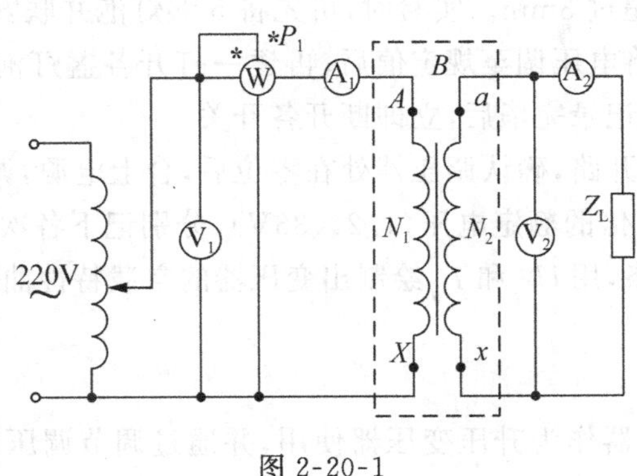

图 2-20-1

2. 铁芯变压器是一个非线性元件,铁芯中的磁感应强度 B 取决于外加电压的有效值 U。当副边开路(即空载)时,原边的励磁电流 i_{10} 与磁场强度 H 成正比。在变压器中,副边空载时,原边电压与电流的关系称为变压器的"空载特性",这与铁芯的磁化曲线(B-H 曲线)是一致的。

空载实验通常是将高压侧开路,由低压侧通电进行测量,又因空载时功率因数很低,故测量功率时应采用低功率因数瓦特表。此外,因变压器空载时阻抗很大,故电压表应接在电流表外侧。

3.变压器外特性测试。为了满足三组灯泡负载额定电压为220V的要求，故以变压器的低压(36V)绕组作为原边，220V的高压绕组作为副边，即当作一台升压变压器使用。

在保持原边电压$U_1=36V$不变时，逐次增加灯泡负载(每只灯为15W)，测定U_1、U_2、I_1和I_2，即可绘出变压器的外特性，即负载特性曲线$u_2=f(i_2)$。

三、实验设备

1.交流电压表、交流电流表。

2.功率及功率因数表。

3.单相变压器。

4.电工综合实验台。

四、实验内容

1.用交流法判别变压器绕组的同名端。

2.按图2-20-1线路接线。其中AX为变压器的低压绕组，ax为变压器的高压绕组。即电源经调压器接至低压绕组，高压绕组220V接Z_L，即15W的灯组负载，经检查后方可进行实验。

3.将调压器手柄置于输出电压为零的位置(逆时针旋转到底)，合上电源开关，并调节调压器，使其输出电压为36V。令负载开路及逐次增加负载(最多亮5盏灯泡)，分别记下仪表的读数，记入自拟的数据表格，绘制变压器外特性曲线。实验完毕将调压器调回零位，断开电源。

当负载为4盏及5盏灯泡时，变压器已处于超载运行状态，很容易烧坏。因此，测试和记录应尽量快，不应超过3min。实验时，可先将5盏灯泡并联安装好，断开控制每个灯泡的相应开关，通电且将电压调至规定值后，再逐一打开各盏灯泡的开关，并记录仪表读数。待5盏灯泡的数据记录完毕后，立即断开各开关。

4.将高压侧(副边)开路，确认调压器处在零位后，合上电源，调节调压器输出电压，使u_1从零逐次上升到1.2倍的额定电压(1.2×36V)，分别记下各次测得的U_1、U_{20}和I_{10}数据，记入自拟的数据表格，用U_1和I_{10}绘制出变压器的空载特性曲线。

五、注意事项

1.本实验是将变压器作为升压变压器使用，并通过调节调压器提供原边电压U_1，故使用调压器时应首先将其调至零位，然后才可合上电源。此外，必须用电压表监视调压器的输出电压，防止被测变压器输出过高电压而损坏实验设备，且要注意安全，以防高压触电。

2.由负载实验转到空载实验时，注意及时变更仪表量程。

3.遇异常情况，应立即断开电源，待处理好故障后，再继续做实验。

六、思考题

1. 为什么本实验将低压绕组作为原边进行通电实验？此时，在实验过程中应注意什么问题？

2. 为什么变压器的励磁参数一定是在空载实验加额定电压的情况下求出？

七、实验报告

1. 根据实验内容，自拟数据表格，绘出变压器的外特性和空载特性曲线。

2. 根据额定负载时测得的数据，计算变压器的各项参数。

3. 计算变压器的电压调整率 $\Delta u\% = \frac{u_{20} - u_{2N}}{u_{20}} \times 100\%$。

实验二十一　三相电路电压、电流的测量

一、实验目的

1. 练习三相负载的星形连接和三角形连接。
2. 了解三相电路线电压与相电压、线电流与相电流之间的关系。
3. 了解三相四线制供电系统中中线的作用。
4. 观察线路出现故障时的情况。

二、原理说明

电源用三相四线制向负载供电，三相负载可接成星形（又称“Y 形”）或三角形（又称“△形”）。

当三相对称负载作 Y 形连接时，线电压 u_L 是相电压 u_P 的$\sqrt{3}$倍，线电流 i_L 等于相电流 i_P，即：$u_L=\sqrt{3}u_P$，$i_L=i_P$，流过中线的电流 $i_N=0$；作△形连接时，线电压 u_L 等于相电压 u_P，线电流 i_L 是相电流 i_P 的$\sqrt{3}$倍，即：$i_L=\sqrt{3}i_P$，$u_L=u_P$。

不对称三相负载作 Y 形连接时，中线必须牢固连接，以保证三相不对称负载的每相电压等于电源的相电压（三相对称电压）。若中线断开，会导致三相负载电压的不对称，致使负载轻的那一相的相电压过高，使负载遭受损坏；负载重的一相的相电压又过低，使负载不能正常工作。不对称三相负载作△形连接时，$i_L\neq\sqrt{3}i_P$，但只要电源的线电压 u_L 对称，加在三相负载上的电压仍是对称的，对各相负载的工作没有影响。

本实验中，用三相调压器调压输出作为三相交流电源，用三组白炽灯作为三相负载，线电流、相电流、中线电流用电流插头和插座测量。

三、实验设备

1. 三相交流电源。
2. 交流电压表、交流电流表、功率表、功率因数表。
3. 电工综合实验台。

四、实验内容

1. 三相负载作星形连接（三相四线制供电）。实验电路如图 2-21-1 所示，将白炽灯按图所示连接成星形接法。用三相调压器调压输出作为三相交流电源，将三相调压器的旋钮置于三相电压输出为 0V 的位置，按下电源开关，然后旋转旋钮，调节调压器的输出，使输出的三相线电压为 220V。测量线电压和相电压，并记录数据。

（1）在有中线的情况下，测量三相负载对称和不对称时的各相电流、中线电流和各相电压，将数据记入表 2-21-1 中，并记录各灯的亮度。

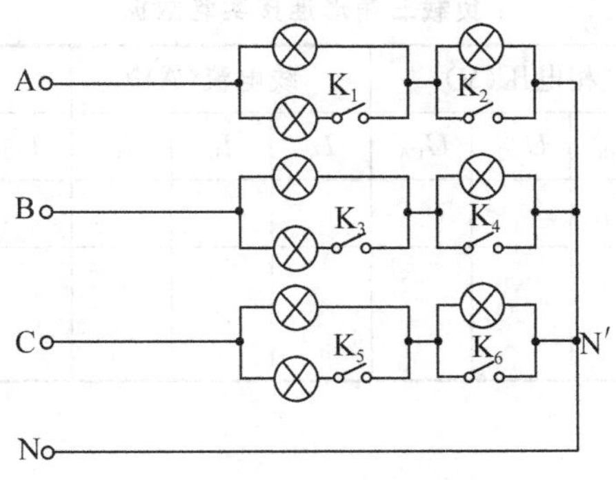

图 2-21-1

(2)在无中线的情况下，测量三相负载对称和不对称时的各相电流、各相电压和电源中点 N 到负载中点 N′的电压 $U_{NN'}$，将数据记入表 2-21-1 中，并记录各灯的亮度。

表 2-21-1　　负载星形连接实验数据

中线连接	开关状态	负载相电压(V)			电流(A)				$U_{NN'}$	亮度比较
		U_A	U_B	U_C	I_A	I_B	I_C	I_N	(V)	A、B、C
有	$K_1 \sim K_6$ 闭合									
	K_1、K_2、$K_4 \sim K_6$ 闭合；K_3 断开									
	K_1、K_2、K_6 闭合；$K_3 \sim K_5$ 断开									
无	K_1、K_2、K_6 闭合；$K_3 \sim K_5$ 断开									
	K_1、K_2、$K_4 \sim K_6$ 闭合；K_3 断开									
	$K_1 \sim K_6$ 闭合									

2. 三相负载作三角形连接。实验电路如图 2-21-2 所示，将白炽灯按图所示连接成三角形接法。调节三相调压器的输出电压，使输出的三相线电压为 220V，测量三相负载对称和不对称时的各相电流、线电流和各相电压，将数据记入表 2-21-2 中，并记录各灯的亮度。

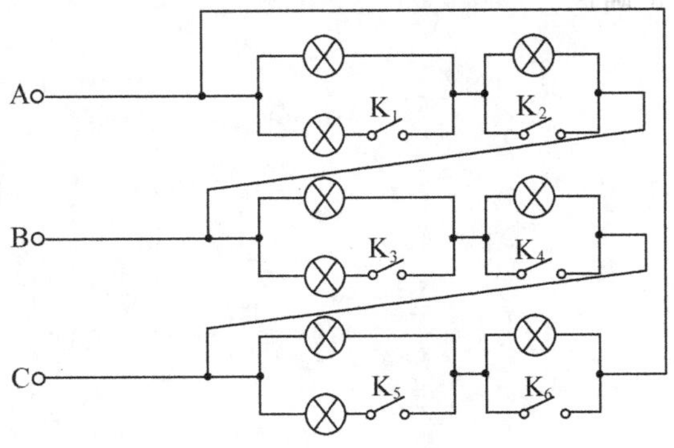

图 2-21-2

表 2-21-2　负载三角形连接实验数据

开关状态	相电压(V)			线电流(A)			相电流(A)			亮度比较
	U_{AB}	U_{BC}	U_{CA}	I_A	I_B	I_C	I_{AB}	I_{BC}	I_{CA}	
K_1～K_6 闭合										
K_1、K_2、K_6 闭合；K_3～K_5 断开										

五、注意事项

1. 每次接线完毕，同组同学应自查一遍，然后由指导教师检查后，方可接通电源，必须严格遵守"先接线，后通电；先断电，后拆线"的实验操作原则。

2. 星形负载作短路实验时，必须首先断开中线，以免发生短路事故。

3. 测量、记录各电压、电流时，注意分清它们是哪一相、哪一线，防止记错。

六、思考题

1. 三相负载根据什么原则作星形或三角形连接？本实验为什么将三相电源线电压设定为220V？

2. 三相负载作星形或三角形连接，它们的线电压与相电压、线电流与相电流有何关系？当三相负载对称时又有何关系？

3. 说明三相四线制供电系统中的中线的作用。中线上能安装保险丝吗，为什么？

七、实验报告要求

1. 根据实验数据，在负载为星形连接时，$u_L=\sqrt{3}u_P$ 在什么条件下成立？在三角形连接时，$i_L=\sqrt{3}i_P$ 在什么条件下成立？

2. 用实验数据和观察到的现象，总结三相四线制供电系统中中线的作用。

3. 不对称三角形连接的负载，能否正常工作？实验是否能证明这一点？

4. 根据对称负载三角形连接时的实验数据，画出各相电压、相电流和线电流的相量图，并证实实验数据的正确性。

实验二十二 三相电路功率的测量

一、实验目的

1. 学会用功率表测量三相电路功率的方法。
2. 掌握功率表的接线和使用方法。

二、原理说明

1. 三相四线制供电，负载星形连接。对于三相不对称负载，用三个单相功率表测量，测量电路如图 2-22-1 所示，三个单相功率表的读数分别为 P_1、P_2、P_3，则三相功率 $P=P_1+P_2+P_3$，这种测量方法称为“三瓦特表法”；对于三相对称负载，用一个单相功率表测量即可，若功率表的读数为 P_1，则三相功率 $P=3P_1$，称为“一瓦特表法”，如图 2-22-2 所示。

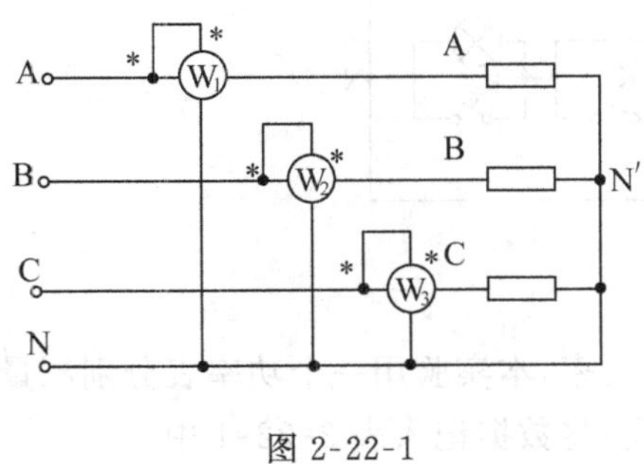

图 2-22-1

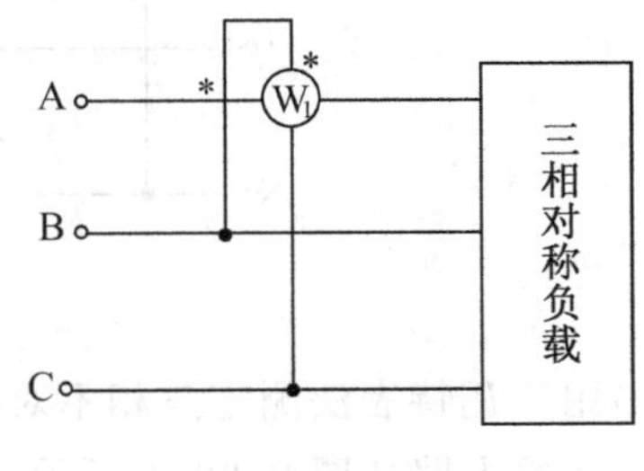

图 2-22-2

2. 三相三线制供电。三相三线制供电系统中，不论三相负载是否对称，也不论负载是 Y 形连接还是△形连接，都可用二瓦特表法测量三相负载的有功功率。测量电路如图 2-22-3 所示，若两个功率表的读数分别为 P_1、P_2，则三相功率 $P=P_1+P_2=u_1 i_1\cos(30°-\varphi)+u_2 i_2\cos(30°+\varphi)$，其中 φ 为负载的阻抗角(即功率因数角)。两个功率表的读数与 φ 有下列关系：

(1) 当负载为纯电阻时，$\varphi=0°$，$P_1=P_2$，即两个功率表读数相等；

(2) 当负载功率因数 $\cos\varphi=0.5$，$\varphi=\pm 60°$时，将有一个功率表的读数为零；

(3) 当负载功率因数 $\cos\varphi<0.5$，$|\varphi|>60°$时，将有一个功率表的读数为负值。

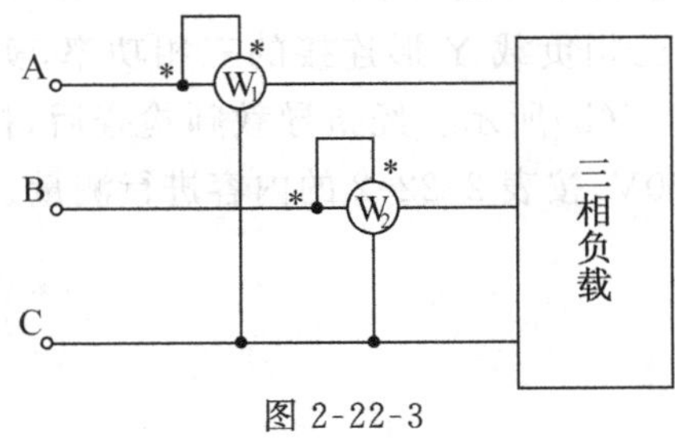

图 2-22-3

三、实验设备

1. 三相交流电源。
2. 交流电压表、交流电流表、功率表、功率因数表。
3. 电工综合实验台。

四、实验内容

1. 三相四线制供电，测量负载星形连接的三相功率。

(1)用一瓦特表法测定三相对称负载的三相功率，实验电路如图 2-22-4 所示。经检查后，接通三相电源开关，将调压器的输出由 0V 调到 380V(线电压)。按表 2-22-1 的要求进行测量及计算，并将数据记入表中。

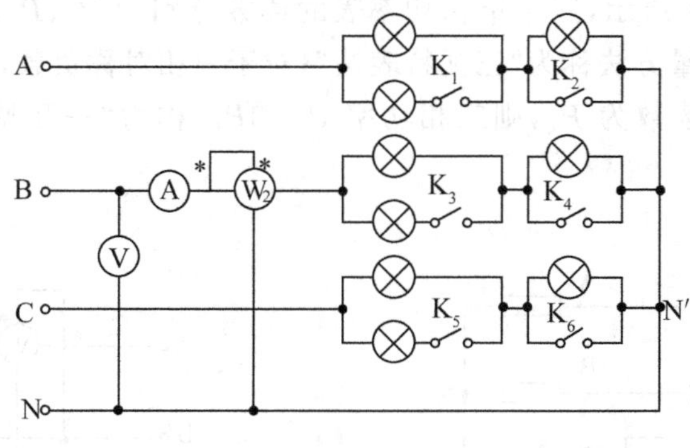

图 2-22-4

(2)用三瓦特表法测定三相不对称负载的三相功率，本实验用一个功率表分别测量每相功率，实验电路如图 2-22-4 所示，步骤与(1)相同，将数据记入表 2-22-1 中。

表 2-22-1　　三相四线制负载星形连接数据

负载情况	开关情况	测量数据			计算值
		P_A(W)	P_B(W)	P_C(W)	P(W)
Y 形连接对称负载	K_1～K_6 闭合				
Y 形连接不对称负载	K_1、K_2、K_4～K_6 闭合；K_3 断开				

2. 三相三线制供电，测量三相负载功率。

(1)用二瓦特表法测量三相负载 Y 形连接的三相功率，实验电路如图 2-22-5(a)所示，三相灯组负载如图 2-22-5(b)所示。经指导教师检查后，接通三相电源，调节三相调压器的输出，使线电压为 220V，按表 2-22-2 的内容进行测量、计算，并将数据记入表中。

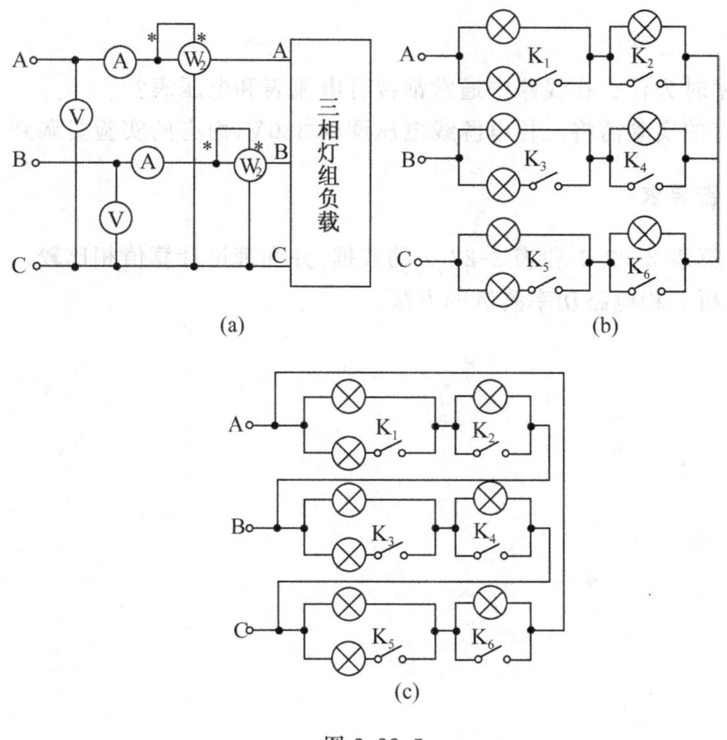

图 2-22-5

(2)将三相灯组负载改成△形连接,实验电路如图 2-22-5(c)所示,重复(1)的测量步骤,数据记入表 2-22-2 中。

表 2-22-2　　三相三线制三相负载功率数据

负载情况	开关情况	测量数据		计算值
		P_1(W)	P_2(W)	P(W)
Y 形连接对称负载	K_1～K_6 闭合			
Y 形连接不对称负载	K_1、K_2、K_4～K_6 闭合;K_3 断开			
△形连接不对称负载	K_1～K_6 闭合			
△形连接对称负载	K_1、K_2、K_4～K_6 闭合;K_3 断开			

五、注意事项

每次实验完毕,均需将三相调压器旋钮调回零位。如改变接线,均需断开三相电源,以确保人身安全。

六、思考题

1. 测量功率时为什么在线路中通常都接有电流表和电压表？
2. 为什么有的实验需将三相电源线电压调到 380V，而有的实验要调到 220V？

七、实验报告要求

1. 整理、计算表 2-22-1 和表 2-22-2 的数据，并和理论计算值相比较。
2. 总结、分析三相电路功率测量的方法。

实验二十三 单相电度表的校验

一、实验目的

1. 了解电度表的工作原理，掌握电度表的接线和使用方法。
2. 学会测定电度表的技术参数和校验方法。

二、原理说明

电度表是一种感应式仪表，是根据交变磁场在金属中产生感应电流，从而产生转矩的基本原理而工作的仪表，主要用于测量交流电路中的电能。

1. 电度表的结构和原理。电度表主要由驱动装置、转动铝盘、制动永久磁铁和计度器等部分组成。

驱动装置有电压铁芯线圈和电流铁芯线圈，在空间上上下排列，中间隔以铝制的圆盘。驱动两个铁芯线圈的交流电，建立起合成的交变磁场，交变磁场穿过铝盘，在铝盘上产生感应电流，该电流与磁场相互作用，产生转动力矩驱使铝盘转动。铝盘上方装有一个永久磁铁，其作用是对转动的铝盘产生制动力矩，使铝盘转速与负载功率成正比。因此，在某一测量时间内，负载所消耗的电能 W 就与铝盘的转数 n 成正比。

电度表的指示器不能像其他指示仪表的指针一样停留在某一位置，而应能随着电能的不断增大（也就是随着时间的延续）而连续地转动，这样才能随时反映出电能积累的数值。因此，它是将铝盘的转数通过轴向齿轮传动，由计度器根据转盘转数而测定出电能。

2. 电度表的技术指标。

(1)电度表常数：铝盘的转数 n 与负载消耗的电能 W 成正比，即：

$$N=\frac{n}{W}$$

比例系数 N 称为“电度表常数”，常在电度表上标明，其单位是 r/(kW·h)。

(2)电度表灵敏度：在额定电压、额定频率及 $\cos\varphi=1$ 的条件下，负载电流从零开始增大，测出铝盘开始转动的最小电流值 $I_{\min}$，则仪表的灵敏度表示为：

$$S=\frac{I_{\min}}{I_{N}}\times 100\%$$

式中：I_N 为电度表的额定电流。

(3)电度表的潜动：当负载等于零时，电度表仍出现缓慢转动的情况，这种现象称为“潜动”。按照规定，在无负载电流的情况下，外加电压为电度表额定电压的 110%（达 242V）时，观察铝盘的转动是否超过一周，凡超过一周者，判为潜动不合格的电度表。

本实验电度表接线如图 2-23-1 所示，“黄”“绿”两端为电流线圈，“黄”“蓝”两端为电压线圈。

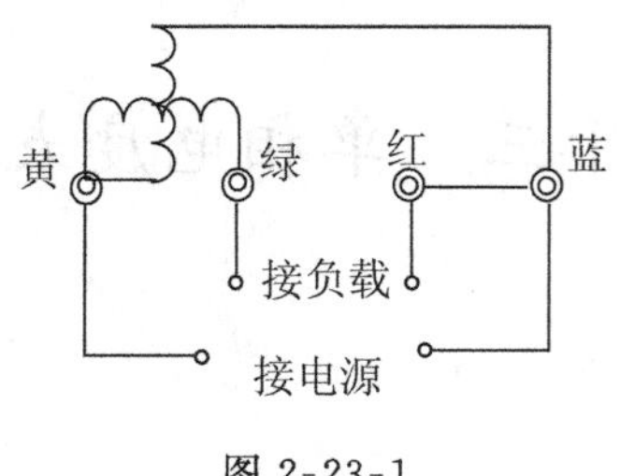

图 2-23-1

三、实验设备

1. 三相交流电源。
2. 交流电压表、交流电流表、功率表、功率因数表。
3. 单相电度表。
4. 计时器。
5. 电工综合实验台。

四、实验内容

1. 记录被校验电度表的额定数据和技术指标。

额定电流 I_N=________,额定电压 U_N=________,电度表常数 N=________。

2. 用功率表、计时器校验电度表常数。

按图 2-23-2 接线,电度表的接线与功率表相同,其电流线圈与负载串联,电压线圈与负载并联。线路经指导教师检查后,接通电源,将调压器的输出电压调到 220V,按表 2-23-1 的要求接通灯组负载,用秒表定时记录电度表铝盘的转数,并记录各表的读数。为了数圈数的准确起见,可将电度表铝盘上的一小段红色标记刚出现(或刚结束)时作为秒表计时的开始。此外,为了能记录整数转数,可先预定好转数,待电度表铝盘刚转完此转数时,作为秒表测定时间的终点。将所有数据记入表 2-23-1 中。

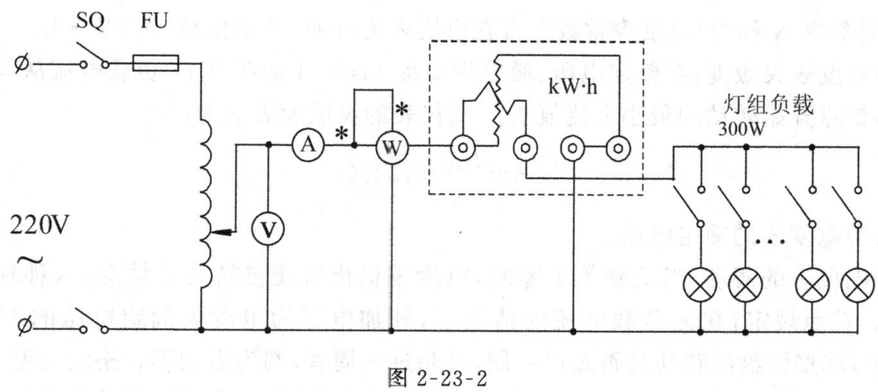

图 2-23-2

为了准确和熟悉起见,可重复多做几次。

表 2-23-1　　校验电度表准确度数据

负载情况（25W 白炽灯个数）	测量值						计算值		
	U(V)	I(A)	P(W)	时间(s)	转数 n	实测电能 W(kW·h)	计算电能 W'(kW·h)	$\Delta W/W$	电度表常数 N
6									
8									

3. 检查电度表潜动是否合格。切断负载，即断开电度表的电流线圈回路，调节调压器的输出电压为额定电压的 110%（即 242V），仔细观察电度表的铝盘是否转动。一般允许有缓慢的转动，但应在不超过一转的任意一点上停止，这样，电度表的潜动为合格；反之，则不合格。

五、注意事项

1. 记录时，同组同学要密切配合，计时要同步，读取转数步调要一致，以确保测量的准确性。
2. 注意功率表和电度表的接线。

六、思考题

电度表有哪些技术指标，如何测定？

七、实验报告要求

1. 整理实验数据，计算出电度表的各项技术指标。
2. 对被校电度表的各项技术指标作出评价。

实验二十四　功率因数表的使用及相序测量

一、实验目的

1. 掌握三相交流电路相序的测量方法。

2. 熟悉功率因数表的使用方法，了解负载性质对功率因数的影响。

二、实验原理

1. 相序指示器。相序指示器如图 2-24-1 所示，它是由一个电容器和两个白炽灯按星形连接的电路，用来指示三相电源的相序。

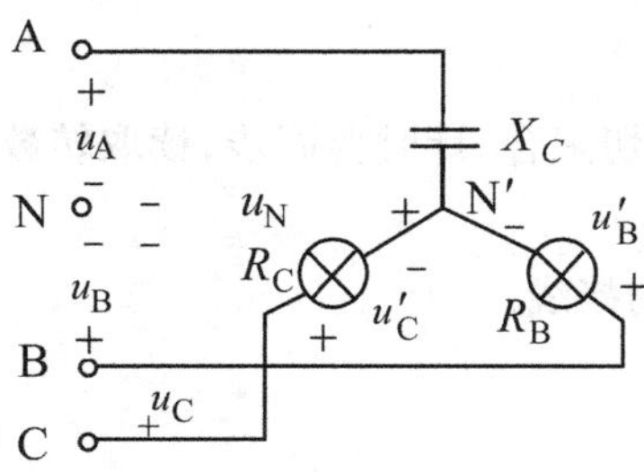

图 2-24-1

在图 2-24-1 所示电路中，设 u_A、u_B、u_C 为三相对称电源相电压，则中点电压为：

$$u_N=\frac{\frac{u_A}{-jX_C}+\frac{u_B}{R_B}+\frac{u_C}{R_C}}{\frac{1}{-jX_C}+\frac{1}{R_B}+\frac{1}{R_C}}$$

设 $X_C=R_B=R_C$，$u_A=u_P\angle 0°=u_P$，代入上式得：

$$u_N=(-0.2+j0.6)u_P$$

则：

$$u'_B=u_B-u_N=(-0.3-j1.466)u_P, u'_B=1.49u_P$$

$$u'_C=u_C-u_N=(-0.3+j0.266)u_P, u'_C=0.4u_P$$

可见 $u'_B>u'_C$，B 相的白炽灯比 C 相的亮。

综上所述，用相序指示器指示三相电源相序的方法是：如果连接电容器的一相是 A 相，那么，白炽灯较亮的一相是 B 相，较暗的一相是 C 相。

2. 负载的功率因数。在图 2-24-2(a)所示电路中，负载的有功功率 $P=ui\cos\varphi$，其中 $\cos\varphi$ 为功率因数，功率因数角为：$\varphi=\arctan\frac{X_L-X_C}{R}$ 且 $-90°\leqslant\varphi\leqslant 90°$。

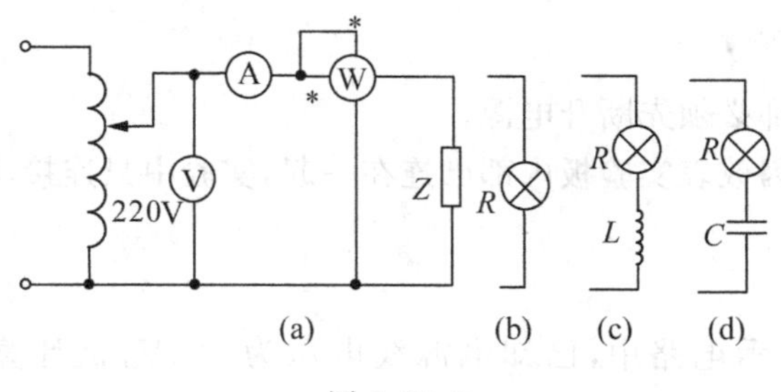

图 2-24-2

当 $X_L>X_C$ 时，$\varphi>0°$，$\cos\varphi>0$，为感性负载；

当 $X_L<X_C$ 时，$-90°<\varphi<0°$，$\cos\varphi>0$，为容性负载；

当 $X_L=X_C$ 时，$\varphi=0°$，$\cos\varphi=1$，为电阻性负载。

可见，功率因数的大小和性质由负载参数的大小和性质决定。

三、实验设备

1. 三相交流电源。
2. 交流电压表、交流电流表、功率表、功率因数表。
3. 电工综合实验台。

四、实验内容

1. 测定三相电源的相序。

(1)按图 2-24-1 接线，$C=4.3\mu F$，R_C、R_B为两个 220V、25W 的白炽灯，调节三相调压器，输出线电压为 220V 的三相交流电压，测量电容器、白炽灯和中点电压 U_N，观察灯光明亮状态，做好记录。设电容器一相为 A 相，试判断 B、C 相。

(2)将电源线任意调换两相后，再接入电路，重复步骤(1)，并指出三相电源的相序。

2. 负载功率因数的测定。按图 2-24-2(a)接线，阻抗 Z 分别用电阻(220V、25W 白炽灯)、感性负载(220V、25W 白炽灯和镇流器串联)和容性负载(220V、25W 白炽灯和 4.7μF电容器串联)代替，如图 2-24-2(b)(c)(d)所示，将测量数据记入表 2-24-1 中。

表 2-24-1　　测定负载功率因数数据

负载情况	U(V)	I(A)	P(W)	$\cos\varphi$	负载性质
电阻					
感性负载					
容性负载					

五、注意事项

1. 每次改接线路都必须先断开电源。

2. 功率表和功率因数表实验板内部已连在一起，实验中只连接功率表即可。

六、思考题

1. 在图 2-24-1 所示电路中，已知电源线电压为 220V，试计算电容器和白炽灯的电压。

2. 什么是负载的功率因数，它的大小和性质由谁决定？

3. 测量负载的功率因数有几种方法，如何测量？

七、实验报告要求

1. 简述实验线路的相序检测原理。

2. 根据电压表、电流表、功率表三表测定的数据，计算出 $\cos\varphi$，并与功率因数表的读数比较，分析误差原因。

3. 回答思考题。

实验二十五　负阻抗变换器

一、实验目的

1. 加深对负阻抗概念的认识，掌握对含有负阻抗器件电路的分析方法。
2. 了解负阻抗变换器的组成原理及其应用。
3. 掌握负阻抗变换器的各种测试方法。

二、原理说明

负转换器是一种二端口器件，按有源网络输入电压和电流与输出电压和电流的关系，可分为电流反向负转换器(INC)和电压反向负转换器(VNC)，电路模型如图 2-25-1 所示。

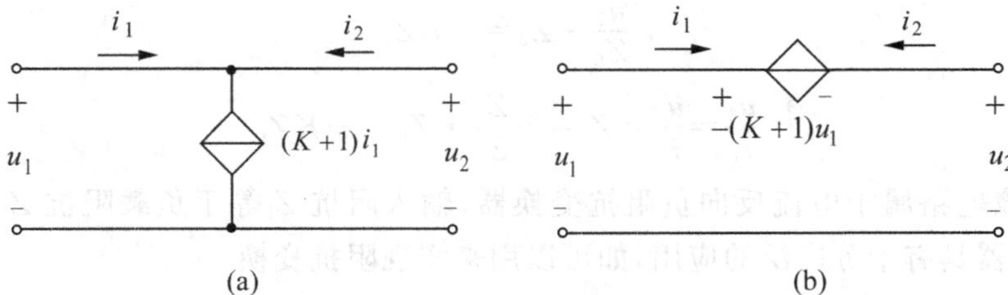

图 2-25-1

在理想情况下，其电压、电流关系为：

对于 INC 型：$u_2=u_1, i_2=K_1 i_1$(K_1为电流增益)。

对于 VNC 型：$u_2=-K_2 u_1, i_2=-i_1$(K_2为电压增益)。

如果在 INC 的输出端接上负载阻抗 Z_L，如图 2-25-2 所示，则它的输入阻抗 Z_i为：

$$Z_i=\frac{u_1}{i_1}=\frac{u_2}{\frac{i_2}{K_1}}=\frac{K_1 u_2}{i_2}=-K_1 Z_L$$

即输入阻抗 Z_i为负载阻抗 Z_L的 K_1倍，且为负值，呈负阻特性。

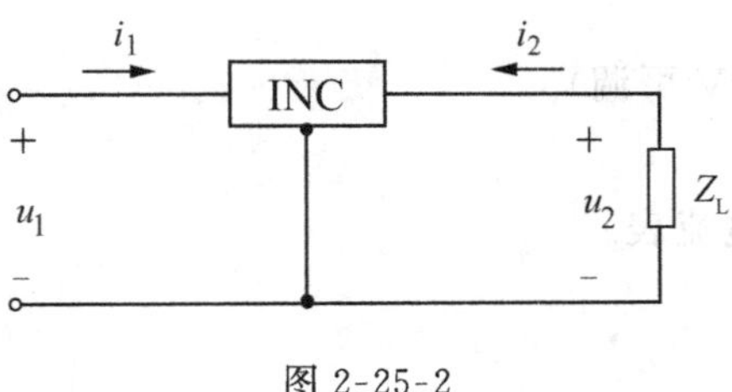

图 2-25-2

本实验用线性运算放大器组成如图 2-25-3 所示的电路，在一定的电压、电流范围内可获得良好的线性度。

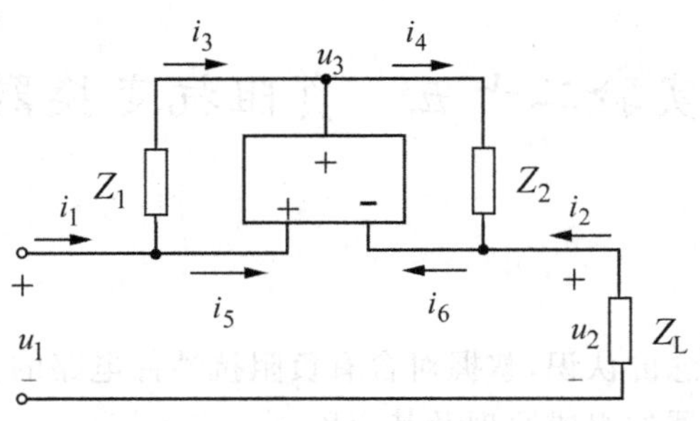

图 2-25-3

根据运放理论可知：

$$u_1=u_+=u_-=u_2,i_5=i_6=0,i_1=i_3,i_2=-i_4$$

$$i_4Z_2=-i_3Z_1,-i_2Z_2=-i_3Z_1$$

所以可得：

$$\frac{u_2}{Z_L}\cdot Z_2=-i_1Z_1$$

$$\frac{u_2}{i_1}=\frac{u_1}{i_1}=Z_i=-\frac{Z_1}{Z_2}\cdot Z_L=-KZ_L$$

可见，该电路属于电流反向负阻抗变换器，输入阻抗 Z_i 等于负载阻抗 Z_L 乘 $-K$ 倍。负阻抗变换器具有十分广泛的应用，如可以用来实现阻抗变换。

假设 $Z_1=R_1=1\text{k}\Omega,Z_2=R_2=300\Omega$ 时，$K=\frac{Z_1}{Z_2}=\frac{R_1}{R_2}=\frac{10}{3}$。

若负载为电阻，$Z_L=R_L$ 时，$Z_i=-KZ_L=-\frac{10}{3}R_L$。

若负载为电容器 C，$Z_L=\frac{1}{j\omega C}$时，$Z_i=-KZ_L=-\frac{10}{3}\frac{1}{j\omega C}=j\omega L$（令 $L=\frac{1}{\omega^2 C}\times\frac{10}{3}$）。

若负载为电感器 L，$Z_L=j\omega L$ 时，$Z_i=-KZ_L=-\frac{10}{3}j\omega L=\frac{1}{j\omega C}$（令 $C=\frac{1}{\omega^2 L}\times\frac{3}{10}$）。

可见，电容器通过负阻抗变换器呈现电感性质，而电感器通过负阻抗变换器呈现电容性质。

三、实验设备

1. 电压源（双路 0～30V 可调）。
2. 信号源。
3. 直流电压表、直流电流表。
4. 双踪示波器。
5. 电工综合实验台。

四、实验内容

1. 测量负电阻的伏安特性。实验电路如图 2-25-4 所示，U_1 为恒压源的可调稳压输出端，负载电阻 R_L为电阻箱。

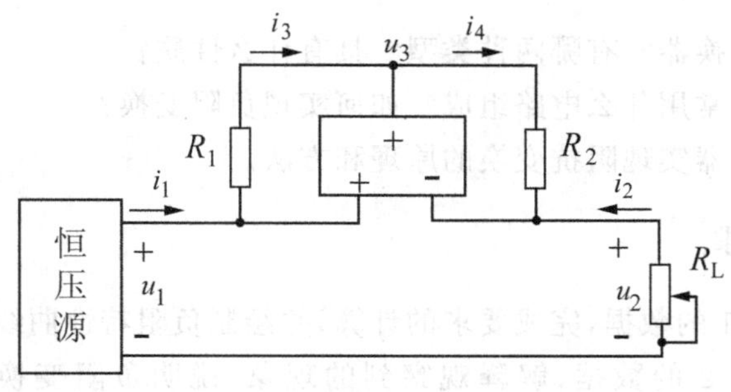

图 2-25-4

(1)调节负载电阻箱的电阻值，使 $R_L=300\Omega$，调节恒压源的输出电压，使之在 0～1V 的范围内取值，分别测量 INC 的输入电压 U_1及输入电流 I_1，将数据记入表 2-25-1 中。

(2)令 $R_L=600\Omega$，重复上述的测量，将数据记入表 2-25-1 中。

表 2-25-1　　负电阻的伏安特性实验数据

$R_L=300\Omega$	U_1(V)	0.1	0.2	0.3	0.4	0.5	0.6	0.7	0.8	0.9	1
	I_1(mA)										
	U_1 平均(V)				I_1 平均(mA)						
$R_L=600\Omega$	U_1(V)	0.1	0.2	0.3	0.4	0.5	0.6	0.7	0.8	0.9	1
	I_1(mA)										
	U_1 平均(V)				I_1 平均(mA)						

(3)计算等效负阻。

实测值：$R_-=\dfrac{U_{1平均}}{I_{1平均}}$。

理论计算值：$R_-'=-KZ_L=-\dfrac{10}{3}R_L$。

电流增益：$K=\dfrac{R_1}{R_2}$。

(4)绘制负阻的伏安特性曲线 $u_1=f(i_1)$。

2. 阻抗变换及相位观察。用 0.1μF 的电容器(串联一个 500Ω 电阻)和 100mH 的电感器(串联一个 500Ω 电阻)分别取代 R_L，用低频信号源(正弦波形，$f=1\times10^3$ Hz)取代恒压源，调节低频信号使 $U_1<1$V，并用双踪示波器观察、记录 U_1与 I_1以及 U_2与 I_2的相位差(I_1、I_2的波形分别从 R_1、R_2两端取出)。

五、注意事项

1. 整个实验中应使 $U_1=0\sim1$V。

2. 防止运放输出端短路。

六、思考题

1. 什么是负阻变换器？有哪两种类型？具有什么性质？

2. 负阻变换器通常用什么电路组成？如何实现负阻变换？

3. 说明负阻变换器实现阻抗变换的原理和方法。

七、实验报告要求

1. 根据表 2-25-1 的数据，完成要求的计算，并绘制负阻特性曲线。

2. 根据实验内容 2 的数据，解释观察到的现象，说明负阻变换器实现阻抗变换的功能。

3. 回答思考题。

实验二十六 回转器特性测试

一、实验目的

1. 了解回转器的结构和基本特性。
2. 测量回转器的基本参数。
3. 了解回转器的应用。

二、原理说明

回转器是一种有源非互易的多端口网络元件，电路符号及其等值电路如图 2-26-1 所示。

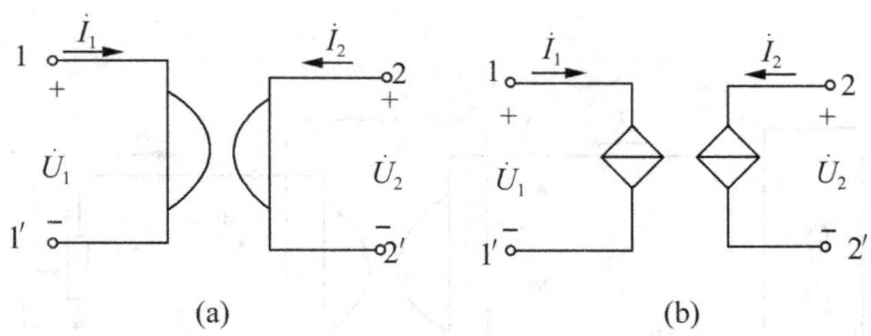

图 2-26-1

理想回转器的导纳方程为：

$$\dot{I}_1=g\dot{U}_2,\dot{I}_2=-g\dot{U}_1$$

也可写成电阻方程：

$$\dot{U}_1=-R\dot{I}_2,\dot{U}_2=R\dot{I}_1$$

式中：g 和 R 分别称为“回转电导”和“回转电阻”，简称“回转常数”。

若在 2-2′端接一负载电容器 C，从 1-1′端看进去的导纳 Y_i 为：

$$Y_i=\frac{\dot{I}_1}{\dot{U}_1}=\frac{g\dot{U}_2}{\frac{-\dot{I}_2}{g}}=\frac{-g^2\dot{U}_2}{\dot{I}_2}$$

又由于：

$$\frac{\dot{U}_2}{\dot{I}_2}=-Z_L=-\frac{1}{j\omega C}$$

所以：

$$Y_i=\frac{g^2}{j\omega C}=\frac{1}{j\omega L}$$

其中，$L=\frac{C}{g^2}$。

可见，从 1-1′端看进去就相当于一个电感器，即回转器能把一个电容元件“回转”成一个电感元件，所以也称为“阻抗逆变器”。由于回转器有阻抗逆变作用，所以在集成电路中得到了重要的应用。因为在集成电路制造中，制造一个电容元件比制造电感元件容易得多，通常可以用一带有电容负载的回转器来获得一个较大的电感负载。

三、实验设备

1. 信号源。
2. 双踪示波器。
3. 电工综合实验台。

四、实验内容

1. 测定回转器的回转常数。实验电路如图 2-26-2 所示，在回转器的 2-2′端接纯电阻负载 R_L（电阻箱），取样电阻 $R_S=1k\Omega$，信号源频率固定在 1kHz，输出电压为 1～2V。测量不同负载电阻 R_L时的 U_1、U_2和 U_{R_S}，并计算相应的电流 I_1、I_2和回转常数 g，一并记入表 2-26-1 中。

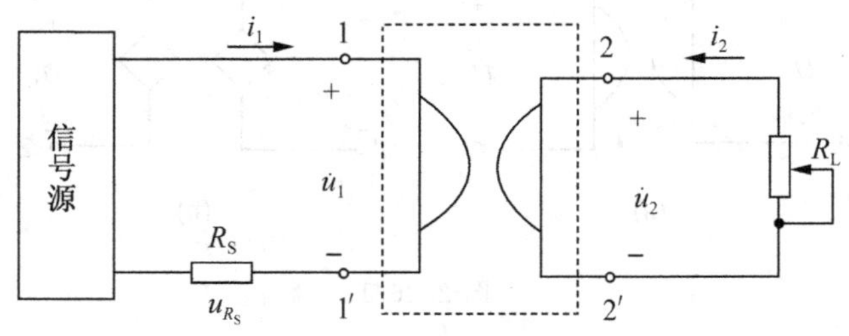

图 2-26-2

表 2-26-1　**测定回转常数的实验数据**

R_L(kΩ)	测量值		计算值				
	U_1(V)	U_2(V)	I_1(mA)	I_2(mA)	$g'=\frac{I_1}{U_2}$	$g''=\frac{I_2}{U_1}$	$g_{平均}=\frac{g'+g''}{2}$
0.5							
1							
1.5							
2							
3							
4							
5							

2. 测试回转器的阻抗逆变性质。

(1)观察相位关系。实验电路如图 2-26-2 所示，在回转器 2-2′端的电阻负载 R_L 用电容器 C 代替，且 $C=0.1\mu F$，用双踪示波器观察回转器输入电压 u_1 和输入电流 i_1 之间的相位关系，图中的 R_S 为电流取样电阻，因为电阻两端的电压波形与通过电阻的电流波形同相，所以用示波器观察 u_{R_S} 上的电压波形就反映了电流 i_1 的相位。

(2)测量等效电感。在 2-2′两端接负载电容器 $C=0.1\mu F$，测量不同频率时的等效电感，并算出 I_1、L'、L 及误差 ΔL，分析 U、U_1、U_{R_S} 之间的相量关系。

3. 测量谐振特性。实验电路如图 2-26-3 所示，$C_1=1\mu F$，$C_2=0.1\mu F$，取样电阻 $R_S=1k\Omega$。用回转器作电感器，与 C_1 构成并联谐振电路。信号源输出电压保持恒定 $U=2V$，在不同频率时测量表 2-26-2 中规定的各个电压，并找出 u_1 的峰值，将测量数据和计算值记入表 2-26-2 中。

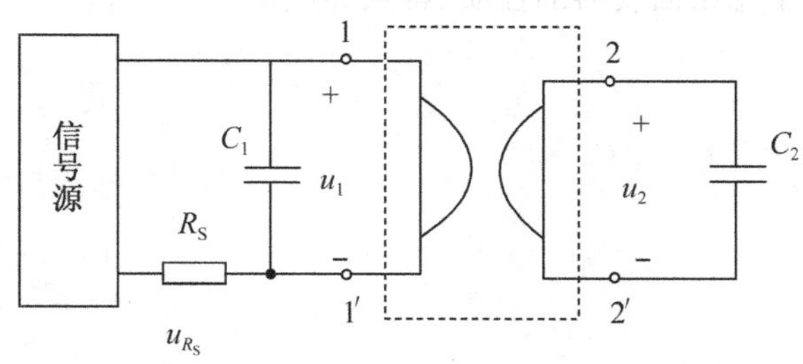

图 2-26-3

表 2-26-2 谐振特性实验数据

参数 \ f(Hz)	200	400	500	700	800	900	1000	1200	1300	1500	2000
U_1(V)											
U_{R_S}(V)											
$I_1=\frac{U_{R_S}}{R_S}$(mA)											
$L'=\frac{u_1}{2\pi f I_1}$											
$L=\frac{C}{G^2}$											
$\Delta L=L'-L$											

五、注意事项

1. 回转器的正常工作条件是 U、I 的波形必须是正弦波。为避免运放进入饱和状态使波形失真，所以输入电压以不超过 2V 为宜。

2. 防止运放输出对地短路。

六、思考题

1.什么是回转器？用导纳方程说明回转器输入和输出的关系。

2.什么是回转常数？如何测定回转电导？

3.说明回转器的阻抗逆变作用及其应用。

七、实验报告要求

1.根据表 2-26-1 的数据，计算回转电导。

2.根据实验 2 的结果，画出电压、电流波形，说明回转器的阻抗逆变作用，并计算等效电感值。

3.根据表 2-26-2 的数据，画出并联谐振曲线，找到谐振频率，并和计算值相比较。

4.从各实验结果中总结回转器的性质、特点和应用。

5.回答思考题。

附　录　MATLAB 在电路分析中的应用

MATLAB 语言是 1984 年由美国 MathWorks 公司开发的一种广泛应用于工程计算及仿真的新型高级语言，历经多年的版本升级，目前在工程计算及仿真、大学实践教学等方面得到了广泛应用。在我国高等院校工科类专业的实践教学中，MATLAB 已经成为《电路分析》《自控原理》《动态系统仿真》等课程的基本教学工具，是工程专业类大学生必须掌握的软件。

MATLAB 名字由 matrix 和 laboratory 两词的前 3 个字母组合而成，意即矩阵实验室，是一门高级计算机编程语言，具有强大的数值计算功能和仿真功能，广泛应用于线性代数、自动控制理论、数字信号处理、时间序列分析、动态系统仿真、图像处理等。MATLAB 的内构函数提供了丰富的数值(矩阵)运算处理功能和广泛的符号运算功能，是基于矩阵运算的处理工具。数值运算功能包括矩阵运算、多项式和有理分式运算、数据统计分析、数值积分、优化处理等。符号运算即用字符串进行数学分析，允许变量不赋值而参与运算，用于解代数方程、复合导数、积分、二重积分、有理函数、微分方程、泰勒级数展开、寻优等，可求得解析符号解。

MATLAB 不仅可以进行命令行的交互式操作，还能以程序方式工作。使用 MATLAB 可以很容易地实现 C 或 FORTRAN 语言的几乎全部功能，包括 Windows 图形用户界面设计。此外，MATLAB 还有许多工具箱用以扩展其功能。工具箱分为两大类：基本工具箱和专业工具箱。基本工具箱主要用来扩充其符号计算功能、可视建模仿真功能及文字处理功能等。专业工具箱如控制系统工具箱、信号处理工具箱、神经网络工具箱、最优工具箱、金融工具箱等，主要用来进行相关专业领域的研究。

以下介绍是在 MATLAB 7.12 的基础上进行的。

一、MATLAB 操作界面介绍

MATLAB 7.12 桌面集成环境包括多个窗口：命令窗口(Command Window)、工作空间管理窗口(Workspace)、历史命令窗口(Command History)、当前目录窗口(Current Directory)、编译窗口、图形窗口和帮助窗口等，如图 1 所示。此外，在 MATLAB 主窗口左下角，还有一个 Start 按钮。

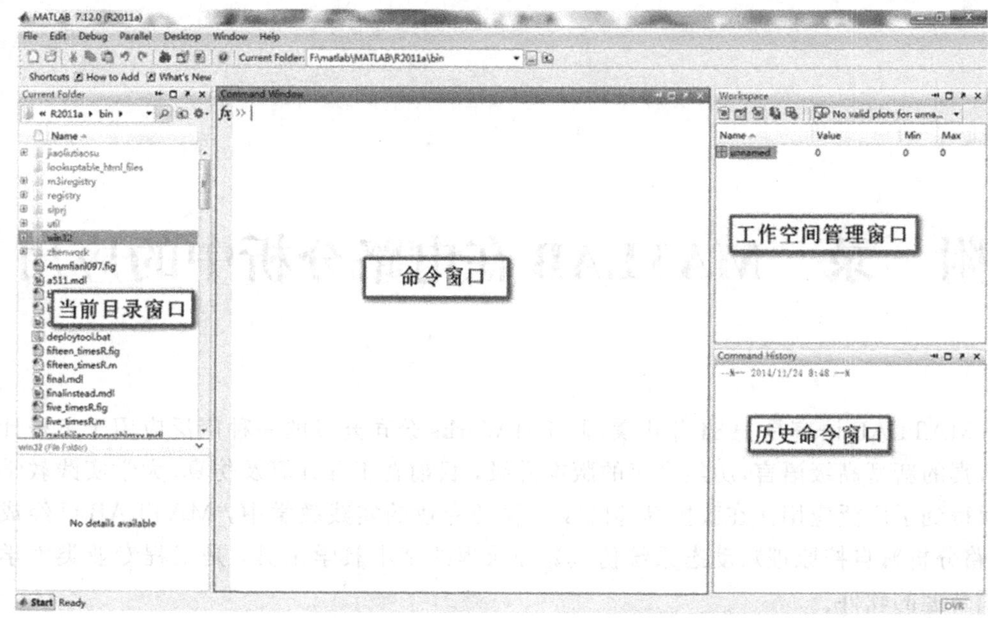

图 1 MATLAB 7.12 桌面组成

（一）桌　面

MATLAB 桌面是 MATLAB 的主要工作界面。桌面除嵌入一些子窗口，还主要包括菜单栏和工具栏。MATLAB 7.12 桌面的菜单栏中，包含 File、Edit、Debug、Parallel、Desktop、Window 和 Help 共 7 个菜单项。MATLAB 7.12 主窗口的工具栏共提供了 12 个命令和 1 个当前路径列表框。

（二）命令窗口

命令窗口是 MATLAB 的主要交互窗口，用于输入命令并显示除图形以外的所有执行结果。在默认设置下，命令窗口自动显示于 MATLAB 界面中，如果用户只想调出命令窗口，也可以选择 Desktop→Desktop Layout→Command Window Only 命令，如图 2 所示。

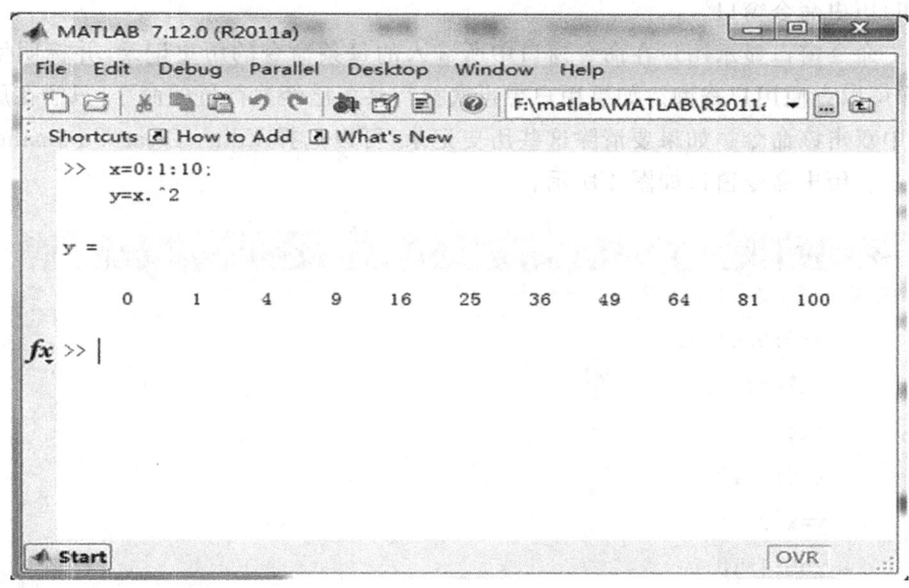

图 2　MATLAB 命令窗口

（三）工作空间管理窗口

工作空间管理窗口用来显示当前计算机内存中 MATLAB 变量的名称、数学结构、该变量的字节数及其类型，可对变量进行观察、编辑、保存和删除。在默认设置下，工作空间管理窗口自动显示于 MATLAB 界面中，如图 3 所示。

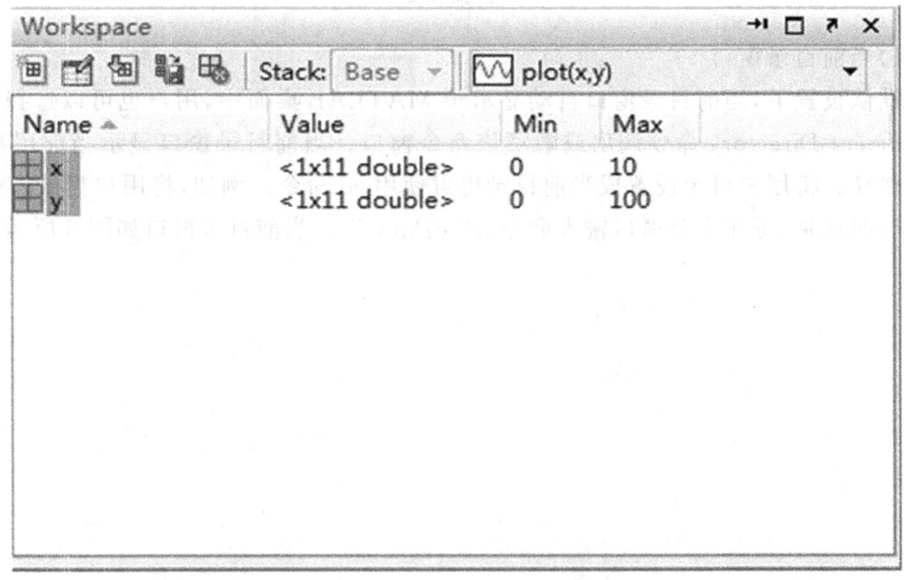

图 3　工作空间管理窗口

(四)历史命令窗口

历史命令窗口显示用户在命令窗口中所输入的每条命令的历史记录,并标明使用时间,这样可以方便用户查询。如果用户想再次执行某条已经执行过的命令,只需在历史命令窗口中双击该命令。如果要清除这些历史记录,可以选择 Edit→Clear Command History 命令。历史命令窗口如图 4 所示。

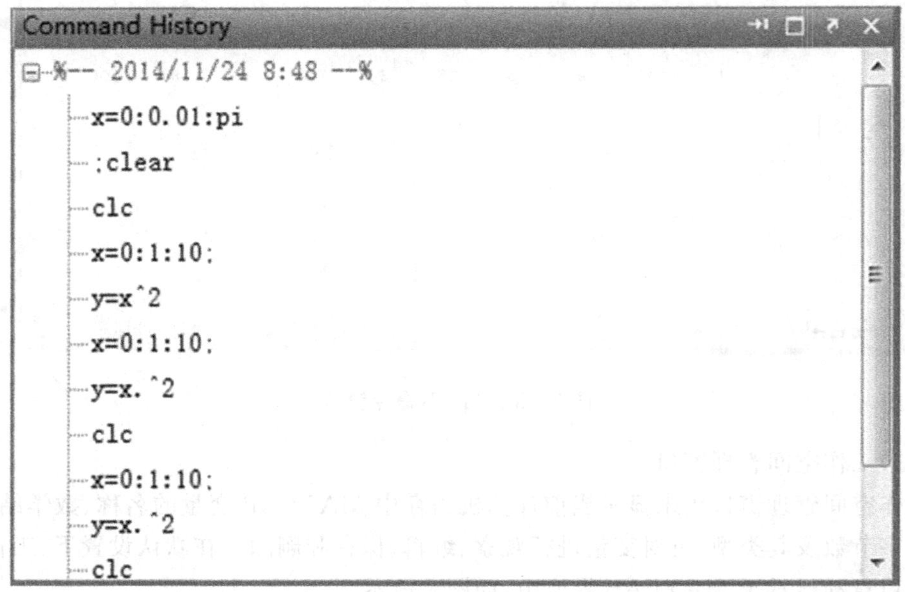

图 4　历史命令窗口

(五)当前目录窗口

在默认设置下,当前目录窗口自动显示于 MATLAB 桌面中,用户也可以选择 Desktop→Current Directory 命令调出或隐藏该命令窗口。当前目录窗口显示当前用户工作所在的路径。将用户目录设置成当前目录也可使用 cd 命令。例如,将用户目录e:\mydir 设置为当前目录,可在命令窗口输入命令:cd e:\mydir。当前目录窗口如图 5 所示。

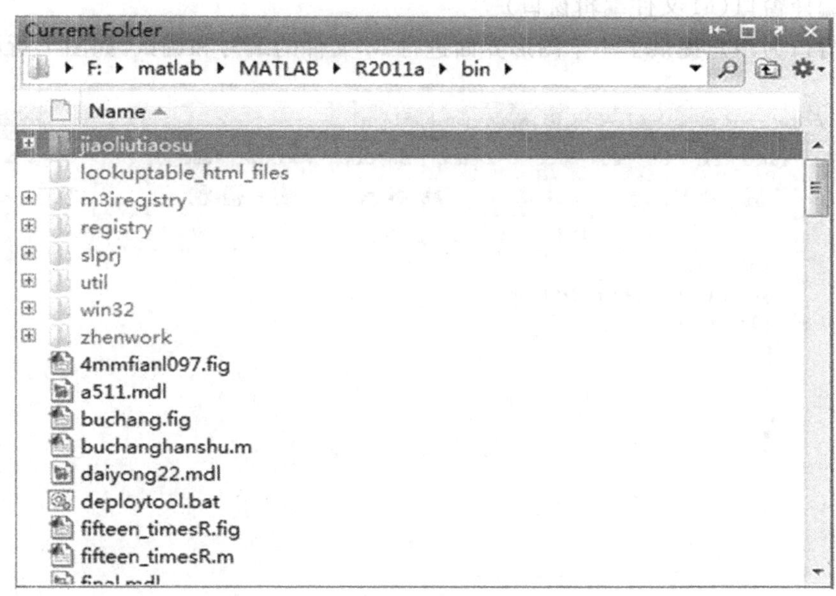

图 5　当前目录窗口

(六)Start 菜单

MATLAB 7.12 的主窗口左下角有一个 Start 按钮,单击该按钮会弹出一个菜单,如图 6 所示。选择其中的命令可以执行 MATLAB 产品的各种工具,并且可以查阅 MATLAB 包含的各种资源。

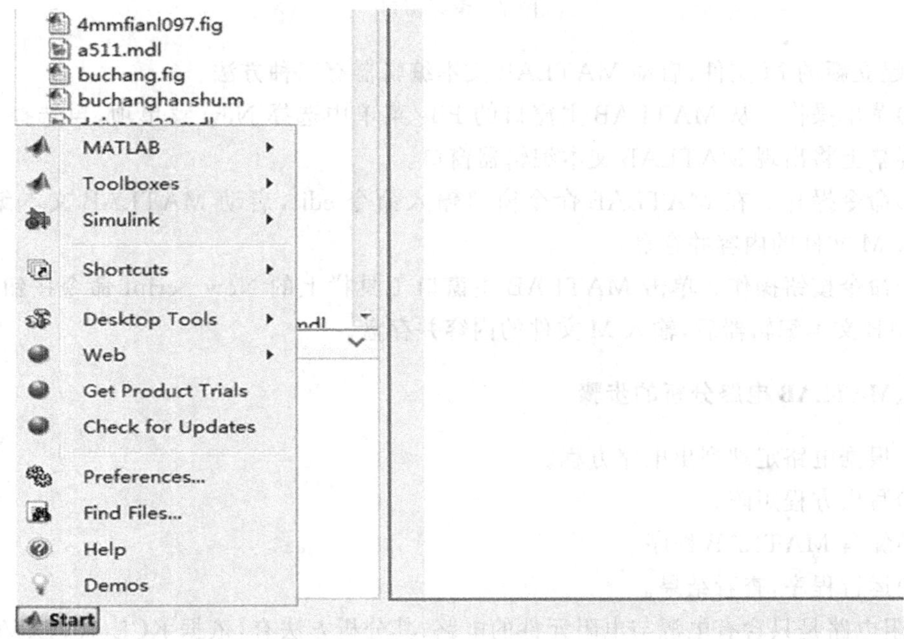

图 6　Start 菜单

(七)编译窗口(M 文件编辑窗口)

编译窗口为用户提供了一个图形界面进行 M 文件的编写和调试,如图 7 所示。

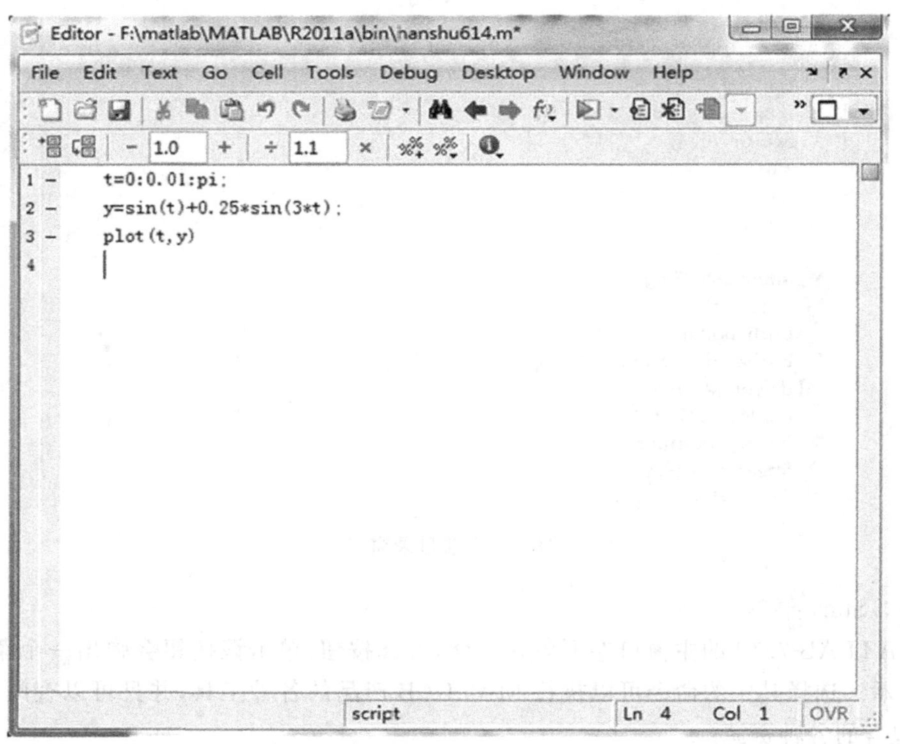

图 7 编译窗口

为建立新的 M 文件,启动 MATLAB 文本编辑器有三种方法。

(1)菜单操作。从 MATLAB 主窗口的 File 菜单中选择 New 菜单项,再选择 Script 命令,屏幕上将出现 MATLAB 文本编辑器窗口。

(2)命令操作。在 MATLAB 命令窗口输入命令 edit,启动 MATLAB 文本编辑器后,输入 M 文件的内容并存盘。

(3)命令按钮操作。单击 MATLAB 主窗口工具栏上的 New Script 命令按钮,启动 MATLAB 文本编辑器后,输入 M 文件的内容并存盘。

二、MATLAB 电路分析的步骤

(1)根据电路定理列出电路方程。

(2)写出方程矩阵。

(3)编写 MATLAB 程序。

(4)运行程序,查看结果。

电阻电路是只含有电源与电阻元件的电路,其分析方法有:依据 KCL、KVL、VCR 直接列方程分析;利用各种经验技巧列方程分析,如支路电流法、回路电流法、节点电压法;利用电路定理分析,如戴维南定理和诺顿定理等。无论采用何种方法,都是列方程求解各电流、电压、功率、能量。因此,完全可以使用 MATLAB 分析。下面用实例来说明。

例 1:在如图 8 所示的电路中,求各支路电流。

解:(1)电路中含有 4 个节点、4 个回路,用节点电压法分析,以 D 点为参考节点,列 A、B、C 3 个节点的节点电压方程。

$$(\frac{1}{R_1}+\frac{1}{R_2}+\frac{1}{R_3})u_A-\frac{1}{R_3}u_B-(\frac{1}{R_1}+\frac{1}{R_2})u_C=i_{s_1}$$

$$-\frac{1}{R_3}u_A+(\frac{1}{R_3}+\frac{1}{R_5})u_B=-i_{s_2}$$

$$-(\frac{1}{R_1}+\frac{1}{R_2})u_A+(\frac{1}{R_1}+\frac{1}{R_2}+\frac{1}{R_4})u_C=-i_{s_1}$$

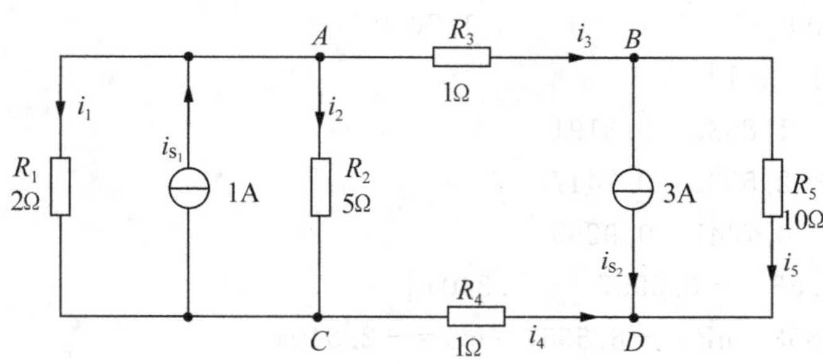

图 8　电路图

(2)列出方程矩阵形式。

$$\begin{bmatrix} \frac{1}{R_1}+\frac{1}{R_2}+\frac{1}{R_3} & -\frac{1}{R_3} & -(\frac{1}{R_1}+\frac{1}{R_2}) \\ -\frac{1}{R_3} & \frac{1}{R_3}+\frac{1}{R_5} & 0 \\ -(\frac{1}{R_1}+\frac{1}{R_2}) & 0 & \frac{1}{R_1}+\frac{1}{R_2}+\frac{1}{R_4} \end{bmatrix} \begin{bmatrix} u_A \\ u_B \\ u_C \end{bmatrix} = \begin{bmatrix} i_{s_1} \\ -i_{s_2} \\ -i_{s_1} \end{bmatrix}$$

可以写成:

$$\boldsymbol{AU}=\boldsymbol{B}$$

用支路电压表示支路电流:

$$i_1=\frac{u_A-u_C}{R_1},i_2=\frac{u_A-u_C}{R_2},i_3=\frac{u_A-u_B}{R_3},i_4=\frac{u_C}{R_4},i_5=\frac{u_C}{R_5}$$

(3)编写 MATLAB 程序。

```
R1=2; R2=5; R3=1; R4=1; R5=10; is1=1; is2=3;
a11=1/R1 +1/R2+1/R3; a12=-1/R3; a13=-(1/R1+1/R2);
a21=-1/R3; a22=1/R3+1/R5; a23=0;
a31=-(1/R1+1/R2); a32=0; a33=1/R1+1/R2+1/R4;
A=[a11 a12 a13;a21 a22 a23;a31 a32 a33];
B=[is1; -is2; -is1];
C=inv(A);
```

```
U=C*B;
uA=U(1);  uB=U(2);  uC=U(3);
i1= (uA-uC)/R1;
i2= (uA-uC)/R2;
i3= (uA-uB)/R3;
i4= uC/R4;
i5=uC/R5;
```

(4)程序运行结果如下：

```
A=   1.7000     -1.0000     -0.7000
    -1.0000      1.1000           0
    -0.7000           0      1.7000
B=[1  -3  -1]
C=1.9894  1.8085  0.8191
  1.8085  2.5532  0.7447
  0.8191  0.7447  0.9255
U=[-4.2553  -6.5957  -2.3404]
uA=-4.2553  uB=-6.5957  uC=-2.3404
i1=-0.9574  i2=-0.3830  i3=2.3404  i4=-2.3404  i5=-0.2340
```

例 2：电路如图 9 所示，求解各节点电压。其中 $R_1=2\Omega, R_2=5\Omega, R_3=1\Omega, R_4=1\Omega, R_5=10\Omega, i_{s_1}=1A, u_s=3V, g=20$。

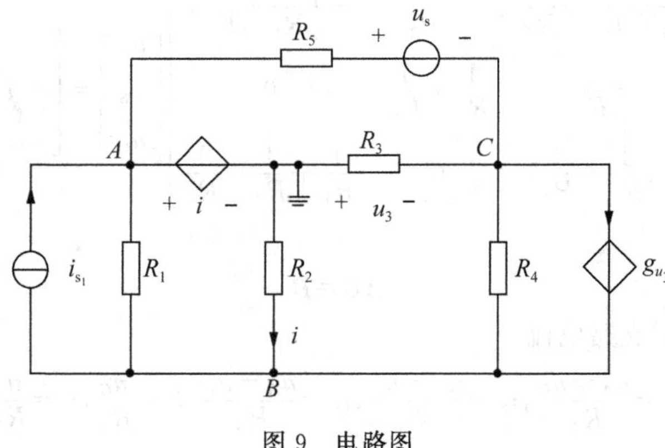

图 9　电路图

解：(1)观察电路有 4 个节点、5 个网孔，用节点电压法分析此电路。选定参考节点，列 A、B、C 节点的节点电压方程。

$$u_A=i$$

$$-\frac{1}{R_1}u_A+(\frac{1}{R_1}+\frac{1}{R_2}+\frac{1}{R_4})u_B-\frac{1}{R_4}u_C=-i_{s_1}+gu_3$$

$$-\frac{1}{R_5}u_A-\frac{1}{R_4}u_B+(\frac{1}{R_4}+\frac{1}{R_3}+\frac{1}{R_5})u_C=-gu_3-\frac{u_3}{R_5}$$

其中，$u_3=-u_C$，$i=-\frac{u_B}{R_2}$，

将变量移到等式左端，得到如下方程：

$$u_A+\frac{u_B}{R_2}=0$$

$$-\frac{1}{R_1}u_A+(\frac{1}{R_1}+\frac{1}{R_2}+\frac{1}{R_4})u_B-(\frac{1}{R_4}-g)u_C=-i_{s_1}$$

$$-\frac{1}{R_5}u_A-\frac{1}{R_4}u_B+(\frac{1}{R_4}+\frac{1}{R_3}+\frac{1}{R_5}-g)u_C=-\frac{u_3}{R_5}$$

(2)列出方程矩阵形式。

$$\begin{bmatrix} 1 & \frac{1}{R_2} & 0 \\ -\frac{1}{R_1} & \frac{1}{R_1}+\frac{1}{R_2}+\frac{1}{R_4} & -(\frac{1}{R_4}-g) \\ -\frac{1}{R_5} & -\frac{1}{R_4} & \frac{1}{R_4}+\frac{1}{R_3}+\frac{1}{R_5}-g \end{bmatrix}\begin{bmatrix} u_A \\ u_B \\ u_C \end{bmatrix}=\begin{bmatrix} 0 \\ -i_{s_1} \\ -\frac{u_3}{R_5} \end{bmatrix}$$

可以写成：

$$\boldsymbol{AU}=\boldsymbol{B}$$

(3)编写 MATALB 程序。

```
R1=2; R2=5; R3=1; R4=1; R5=10; is1=1; us=3; g=20;
a11=1; a12=-1/R2; a13=0;
a21 =-1/R1; a22=1/R1+1/R2+1/R4; a23=-1/R4+g;
a31=-1/R5; a32=-1/R4; a33=1/R3+1/R5+1/R4-g;
A=[a11 a12 a13;a21 a22 a23;a31 a32 a33];
B=[0; -is1; -u3/R5];
C=inv(A);
U=C * B;
uA=U(1);
uB=U(2);
uC=U(3);
```

(4)程序运行结果如下：

```
C=   0.9925    0.0185    -0.1671
    -0.0374    0.0923    -0.8355
     0.0295    0.0449     0.0704
U=[0.4828   2.4142   -0.25593]
uA=0.4828   uB=2.4142   uC=-0.2559
```

例 3：已知 RLC 串联电路如图 10 所示，其中，$R=32\Omega$，$L=15\text{mH}$，$C=455\mu\text{F}$，$u_s=220\sqrt{3}\sin 314t\text{V}$，求 $u_C(t)$。

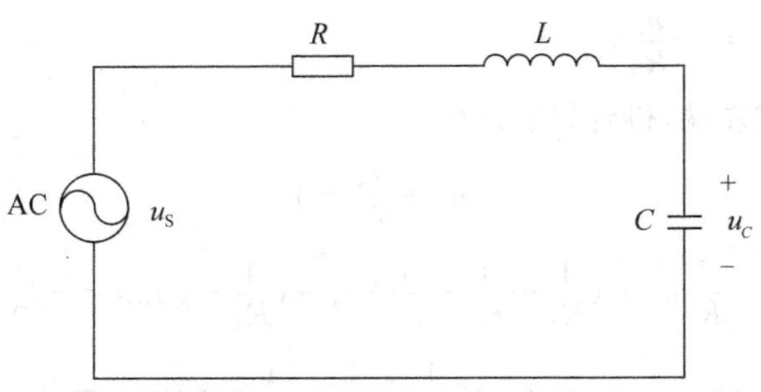

图 10　电路图

解:(1)建模。

求得电路的阻抗为:

$$Z_1=R$$

$$Z_2=\mathrm{j}\omega L$$

$$Z_3=-\mathrm{j}\,\frac{1}{\omega C}$$

则电阻总的阻抗为:

$$Z=Z_1+Z_2+Z_3$$

电容器两端的电压为:

$$\dot{U}_C=\frac{Z_a}{Z}\dot{U}$$

(2)编写 MATLAB 程序。

```
R=32; L=15e-3; C=455e-6; u=220 * sqrt(3); w=314;
t=0:1e-3:0.1;
z1=R; z2=j * w * L; z3=-j/(wC);
z=z1+z2+z3;
uc=(z3/z) * u;
disp('uc 幅值:')
disp(abs(uc))
disp('uc 相角:')
disp('angle(uc) * 180/pi')
uc=abs(uc) * sin(w * t+angle(uc));
```

(3)运行程序,输出结果:

uc 幅值:367.3863

uc 相角:-25.8454

由此可写出:

$$u_C(t)=367.3863\sin(t-25.8454°)$$

例 4:含受控源电路图如图 11 所示,已知 $u_C(t)=120\sin 6\pi t\,\mathrm{V}$,$R=6\Omega$,$L=25\mathrm{mH}$,$C=98\mu\mathrm{F}$,求电流 i。

解:(1)建模。

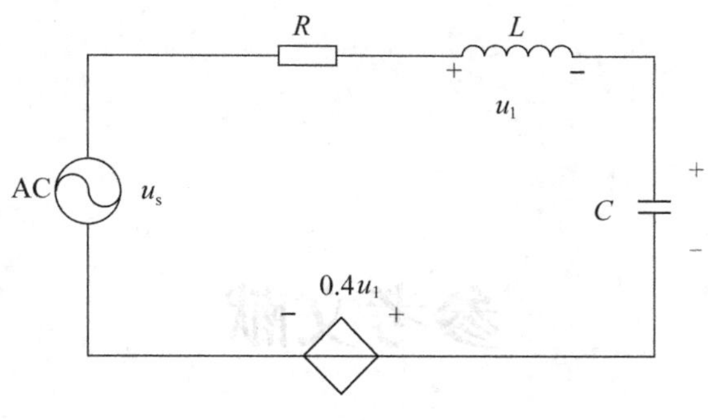

图 11　电路图

由 KVL 得：

$$i(R+Z_L+Z_C)+0.4u_1=u_1$$

而 $u_1=iZ_L, Z_L=\mathrm{j}\omega L, Z_C=-\mathrm{j}\dfrac{1}{\omega C}$，

代入上式整理可得：

$$i=\frac{u_C}{R+1.4Z_L+Z_C}$$

(2)编写 MATLAB 程序。

```
R=6; L=25e-3; C=98e-6; uc=120; w=6 * pi;
ZL=j * w * L;
ZC=-j/(wC);
I=uc. /(R+1. 4 * ZL+ZC);
theta=angle(I);
disp('Im 幅值:')
abs(I)
disp('Im 相角:')
angle(I)
```

(3)运行程序，输出结果如下：

Im 幅值：0.2219

Im 相角：1.5597

因此：

$$i(t)=0.2219\sin(18.8496t+1.5597)$$

参考文献

[1]骆雅琴.电子实验教程.北京:北京航空航天大学出版社,2010
[2]褚南峰.电工技术实验及课程设计.北京:中国电力出版社,2005
[3]王宇红.电工学实验教程.北京:机械工业出版社,2013
[4]曹海平.电工电子技术实验教程.北京:电子工业出版社,2010
[5]钱克猷.电路实验技术基础.杭州:浙江大学出版社,2001
[6]马鑫金.电工仪表与电路实验技术.北京:机械工业出版社,2012
[7]王淑仙.电路基础实验.北京:机械工业出版社,2013
[8]王慧玲.电路基础实验与综合训练.北京:高等教育出版社,2008
[9]黄大刚.电路基础实验.北京:清华大学出版社,2008
[10]姚缨英.电路实验教程.杭州:浙江大学出版社,2011
[11]蔺金元.电路分析基础.北京:中国电力出版社,2012
[12]何正风.MATLAB动态仿真实例教程.北京:人民邮电出版社,2012
[13]吴舒辞.电路分析基础.北京:北京大学出版社,2012
[14]马斌.MATLAB语言及实践教程.北京:清华大学出版社,2013